그는 발군의 영업통 뱅커이다. 기업의 입장을 이해하고 생각하면서 동시에 은행도 챙기는 프로이다. 내 사업 최초로 '내가 살고 있는 아파트'까지 담보로 챙겨간 실력파. 나는 망설임 없이 그를 믿고 빅딜을 진행했고 정확하게 마무리되었다. 아주 세밀한 부분까지 완벽하게 챙기는 현장해결사이다.

— 극동보석 **김동극** 회장 (극동스포츠, 압구정동)

일일이 사진을 찍어주고 포착을 해서 최고의 사진이 될 수 있게 신경을 쓰며 가이드를 한다는 것은 그만큼 그 일을 사랑하는 것임을 느낄 수 있었다. 자신의 일을 이야기할 때 신나서 목소리가 커지는 것만 봐도 충분히 알 수 있었다. 정말 좋아서 하는 일은 어떻게든지 표가 났다.

— 작가 **안미정**

남들이 부러워할 안정된 삶을 과감히 청산하고 산에서 산을 즐기며 제2의 인생을 살아가는 후배님에게 아낌없는 박수를 보냅니다. 사람은 '요람에서 무덤까지' 줄기차게 후회하면서 산다고 합니다. 어차피 후회해야 할 삶이라면 하고 싶은 것을 즐기며 이타행利他行도 실천하는 게 아주 잘 된 선택이라는 생각이 듭니다. 이 책은 그동안 지리산에서 살면서 만난 특별한 인연들과의 소박한 추억을 담백하게 풀어 낸 멋진 이야기입니다.

— 신한은행 동우회 문화답사기획자 **홍석범**

「진정 위대한 모든 생각은 걷기로부터 나온다」 6년을 한결같은 마음으로 지리산을 사랑하며 걷고 있는 걷기전도사 정영혁 님의 솔직하고 담백한 이야기가 감동적으로 다가옵니다.

— 좌충우돌 구례택시기사, 구례문화이장 **임세웅**

여행의 가장 큰 이득은 '본연의 나를 만나는 것'이다. 그리고 가장 큰 즐거움은 '사람을 만나는 것'이며 가장 큰 배움도 사람을 만나는 데서 얻는다. 여행에서 돌아오는 귀갓길에 늘 느낀다. '여행은 사람이다' 라고.
지리산의 지리산에 의한 지리산을 위한 그야말로 지리산의 상남자 정영혁.
어렸을 때부터 국내, 해외산행, 심지어 3천리 전국일주까지 뚝딱 밥 먹듯 다녀온 것도 모자라 24년 동안 정들었던 직장을 박차고 나와 지리산 자락에 노고단게스트하우스를 세우며 시작한 제2의 인생과 손님들과 산전수전 소중한 경험 이야기를 담은 책을 적극 추천하지 않을 수 없네요.

— 기차여행 버스여행 전문가 **박준규**

I can say this Nogodan guesthouse is awesome.

1. The location of Nogodan guesthouse is the best of best location. 2. Great panorama view and incredible view with flower. 3. Very kind explanation and detailed information about Jirisan. 4. Owner always helps us to climb Mt. 5. When I ask owner, he always provides transportation to move to Mt and sightseeing place with small cost. 6. Beautiful guesthouse building, Very clean and comfortable environment. 7. I can make good relationship with other travelers. 8. Nogodan guesthouse make me happy and I want to say more and more.......

[Travel site : Jirisan, Nogodan, Sansuyu village and famous temples]

— Customer review, David

제아무리 흰색도 빛이 없으면 검다. 제아무리 붉은색도 빛이 강하면 바랜다. 제 색을 유지하며 살아간다는 것은 쉽지 않은 일이다. 조용하나 강한 정영혁은 인생 1막을 펼친 은행에서도, 인생 2막인 지리산의 품에서도 한 가지 색이다. '기쁘고 즐겁게 그리고 열정적으로.' 그의 색이다. 열정이 있는 한 청춘이라 했다. 그는 오늘도 즐거운 청춘이다. 행복한 청춘이다.

— 구례 한옥카페 무우루 강영란

꿈과 소망을 이루기 위해서 지리산을 선택했다. 그래서 그 큰 용기와 과감한 결정에 고개가 숙여진다. 필자를 처음 만났을 때 정이 많고 자상한 보통사람이면서 한편으로는 대범함을 느꼈다. 남다른 열정과 추진력 그리고 지리산에 대한 애정이 각별했다. 지리산에 인생 후반의 터전을 마련하여 지내면서 만나고 느낀 '지리산에서 만난 사람들 이야기'와 '나의 지리산 이웃들 이야기'가 잔잔한 감동을 준다. 정영혁 님이 지니고 있는 남다른 열정을 지리산에 마음껏 쏟아 희망의 나래를 펼치시기 바랍니다.

— 김채홍 전 구례부군수

꿈은 이루어지나 보네! 노고단 정사장과 25년 전 신한은행 같은 지점에서 선, 후배 동료로 만나 치열하고 즐거운 삶을 함께 보냈지. 비슷한 시기에 은행을 그만두고 정사장은 꿈꾸던 산악인이 되고 게스트하우스 주인장이 되어 있고, 나는 보헤미안이 되고 싶어서 음대를 다니면서 음악학원을 운영했으니 퇴사 후, 각자 취향대로 원하는 삶을 살고 있어 더욱 반갑네.

— 신한은행 동우회 윤명기

노고단 아래 이곳 구례군 산동면은 내가 태어나고 자랐던 곳이다. 산이 좋아 모든 것을 포기하고 지리산으로 들어온 정영혁 대표와 달리 세상의 풍파에 지쳐 수구초심으로 나는 이 지리산으로 찾아들었다. 동갑의 나이로 비슷한 시기에 지리산에 들어왔지만 정대표와 나는 많은 부분이 다르기도 하지만 닮기도 하여 6년의 세월이 흐르는 동안 어느새 둘도 없는 지기가 되었다. 어릴 적부터 보고 자란 감성으로 지리산의 아름다움을 화폭에 담아가고 있지만 나보다도 훨씬 더 이 지리산을 사랑하는 친구에게 난 앞으로도 많은 것을 배우고 닮아가며 함께 나이 들어 갈 것 같다.
– 삼성 벽화 마을 그림 그리는 이장님 **이강희** 화백

지리산은 그냥 산이 아니다. 내 모든 무거운 짐을 내려놓을 때 비로소 받아주는 산. 이런 산의 품 안에 안겨 한평생을 살아가기 위해 마음을 비우고 욕심을 버린 정영혁 산꾼 친구가 처음으로 '여행은 사람이다'라는 책을 출간하니 세상 그 어떤 것보다 기쁘고 반가운 소식이다. 이 책을 통해 많은 사람들이 여행의 지혜를 얻었으면 하는 간절한 마음을 담아본다.
– '지리산에는 사람꽃이 핀다' 사진작가 **김종관**, 지리산도사

솔향기 나는 남자, 정영혁!
지리산에 내려와 만난 많은 사람들 중에 열정이 넘치고 경영철학, 가치관이 많이도 닮아 마음 깊이 신뢰감이 가는 친구다.
명품 솔봉 등산로를 매일 사랑했던 그의 발자취를 따라 가는 내 모습이 때론 신기하기도 하다.
일관성, 지속성이 핵심역량일진데 그가 꿈꾸는 지리산 베이스캠프는 바로 우리 곁에 와 있는 듯하다. 축하한다 친구!
– **주영하**, The-K지리산가족호텔 대표

길은 걸어야 길이다. 걷지 아니하면 그냥 땅이다.
정해진 길은 없다. 걸어 가는 순간 그게 길이다.
열심히 걸었다. 설악산, 한라산, 킬리만자로, 히말라야로
그리고 또 앞으로 어디로 갈지 모르지만 지금은 지리산에 그가 있다.
'지리산여행자의 베이스캠프 노고단게스트하우스&호텔.'
모이고 흩어지는 그 지점. 이쪽과 저쪽의 경계지점
어디로든 발을 디뎌 갈 수 있는 시작점. 베이스캠프가 지금 그의 바탕이다.
부디 세상의 베이스캠프이길 바란다.
– 사진작가 **이창수**, 전 지리산학교 교장

기차는 궤도를 벗어나면 이탈이다. 전복으로 이어지는 중대한 사고다. 하지만 우리는 쇠로 만들어진 기차가 아니다. 안정적인 삶의 궤도를 벗어난 이들이 있어 새 길이 열린다.
불광불급, 미쳐야 미친다 하지 않던가. 미쳐서 다 벗어던지고 지리산 자락에 깃든 정영혁아우. 그를 만날 때마다 제대로 미친 기운을 느낀다.
구례 산동 노고단게스트하우스에 가보시라. 그는 오늘도 온 마음 온몸으로 지리산을 모신다.
– 〈섬진강 편지〉 김인호

지리산 여행자들의 사랑방, 베이스캠프, 지리산 둘레길 최고의 알베르게를 꿈꾸는 정형의 모습은 인생 최고의 순간을 위해 열정과 실행으로 인생 2막을 준비하는 액티브 시니어의 모범적인 사례이며 롤모델이라고 생각한다.

지리산을 여행하는 다양한 사람들의 모습을 통해 독자들은 #지리산 #구례 #노고단게스트하우스의 매력에 푹 빠져 당장이라도 배낭을 꾸려서 출발하고 싶어 할 것이다.

ㅡ '중년의 꿈, 산티아고에 서다'의 저자 도보여행가 **정희선**

사랑하는 나의 아버지. 그렇게 긴 시간을 아버지와 함께 보냈음에도 제 마음을 온전히 아버지께 남긴 적이 없었던 것 같습니다. 나이가 들수록, 머리가 커갈수록 제가 서 있던 곳이 평지가 아니라 거인의 어깨였음을 실감하고 있습니다. 가장 존경하는 사람이 아버지라 당당하게 말할 수 있어서 행복합니다. 아버지, 항상 존경하고 사랑합니다.

ㅡ 바둑 프로기사 **정두호**

"지리산, 또 지리산?"

지리산을 왜 좋아하냐는 질문을 수도 없이 받는데 단 한번도, 딱 부러지게 대답을 한 적은 없었던 것 같다. 생각하면 며칠 전 다녀온 곳인데도 다시 떠올리면, 마치 몇 년 전에 올랐던 곳인 양 참 많이 아득한 산, 언제 다시 갈까. 마음은 벌써부터 희뿌연 창문 너머, 그곳으로 달려가고 있는데…… 나는 여전히 이곳 서울에 남아, 어딘지 모를 지리산 한 곳, 내 누울 협소한 땅 끝을 더듬으며 하루를 접는다.

ㅡ 지리산둘레길 작가 **황소영**(검은별)

SNS라는 매개체를 통해서 만나게 된 정영혁 대표님은 그야말로 인간플랫폼이십니다. 지리산이 어머니의 품같이 모든 것들을 포용하듯, 인자한 감수성으로 사람과 사람을 이어주는 플랫폼이기 때문입니다. 마음을 다스릴 필요가 있는 모든 분들은 지리산 사나이 '정영혁' 정거장에 꼭 머물다가 가시길 바랍니다. 지리산과 함께 두 팔 벌려 여행 온 '나그네'를 따뜻하게 받아줄 것입니다.

ㅡ 모바일마케팅캠퍼스 **임헌수** 소장

지리산이 아름다운 것은 그곳에 사람이 살기 때문이라고 했다. 지리산은 과거와 현재 그리고 미래에도 사람들의 땅이다. 그곳에 또 하나의 이야기가 더해졌다. 자칭 지리산 마니아 정영혁 대표의 '지리산 사람들'의 이야기다. 어느 날 갑자기 게스트하우스 주인장이 되었지만, 본래부터 그 자리에 있었던 것처럼 너무나 자연스럽게 게스트에서 호스트가 된 지리산 사람 정대표의 인생 2막을 기대해 본다.

ㅡ 여행작가 **눌산**

Mr. Jung helped find me my house in Jiri-san. We both live in the same village. I think it's pretty cool how he gave up his city life to return to the mountain he loves. Now he runs his guesthouse, so he can share his lifetime love for Jiri-san with everyone. I'm sure his book will reflect his warm nature and kind heart for Jirisan.

필자는 지리산에 있는 내 집을 구하는 것을 도왔다. 우리 둘 다 같은 마을에 살고 있다. 그가 사랑하는 지리산으로 돌아가기 위해 도시 생활을 포기한 것은 꽤 멋진 일이라고 생각한다. 이제 그는 게스트하우스를 운영하면서 지리산에 대한 평생의 사랑을 모든 사람과 나눌 수 있게 되었다. 그의 책에는 지리산에 대한 따뜻한 성품과 친절한 마음이 확실하게 반영되어 있다.

– Roger Shepherd, 백두대간 남북통일 사진작가

지리산 알베르게! 까미노 데 지리산!
누구라도 지리산을 아는 사람들은 새벽의 구례 구역이 떠오르고 성삼재에서 스틱을 조이며 바라보는 흐릿한 가로등 속으로 노고단 길의 여명을 품는다.
알싸한 공기가 흡입으로 말하지 않고 등줄기에서부터 쌉싸름하게 닿는 지리산 사랑, 무단히 눈물이 고이고, 무단히 먹먹하고 아리다.
수년간 그렇게 새벽녘에 만나던 지리산을……
노고단게스트하우스 오픈 이후로는 여유롭고 평온하게 지리산 만복대를 종일토록 조망하며 먼저 가슴 노래를 부르다 만나게 되었다.
정대표님의 책 출간 소식을 듣고 누구의 길이 아닌 나의 길을 만들어가는 열정에 잔잔하고 길게 응원을 보냅니다.

– 오지여행가 리산대장. 리산애 감성여행 대표

아, 지리산智異山 어리석은 사람도 머물면 지혜로워지는 산, 산 넘어 그 지혜를 찾는 많은 분들께 힐링해 주시는 모습에 부러움과 고마움의 박수를 보내드립니다. 찌든 도시생활에 지친 심신을 치유받고자 하는 분들 지리산 힐링전도사 정영혁 대표의 독한 바이러스에 감염되기를 권합니다.

– 지리산자연밥상 고영문

여행은
사람이다

지리산 이야기

여행은 사람이다

지리산 이야기

정영혁 지음

아마존북스

지리산을 부탁해!

블랙야크 회장 강태선

히말라야 트레킹을 다녀오겠다는 얘기에 나는 무조건 가라고 권유하면서도 반신반의했다. 늘 바쁜 업무에 쫓기는 은행원이었기에 현실적으로 그렇게 긴 휴가를 내면서 막상 떠나기는 쉽지 않은 일임을 잘 알고 있기에.

그런데 어느 날 갑자기 포토북 앨범을 가져 왔다.

히말라야 안나푸르나베이스캠프 트레킹(ABC)을 마치고, 바로 사진앨범을 만든 것이다. 그동안 사업을 하면서 많은 은행원들을 만났지만 기업금융 업무처리가 정확하고 깔끔하면서 이렇게 산을 좋아하는 부지점장은 처음이었다. 우리 회사가 급격하게 매출이 늘면서 사실 '재무, 회계, 자금 부문'에 신경이 많이 쓰였는데, 궁금해서 물으면 빠르고 정확하게 아주 시원한 답을 주었다.

그의 대답이 언제나 걸작이었다.

"회장님! 월급 안 주는 자금담당 상무 한 명을 신한은행에 파견했다 생각하시고 마음껏 부려 먹으세요."

너무 간명하고 편하게 말을 했다. 은행업무는 당연한 것이었고, 수출입 외환업무, 기업상장업무(IPO) 그리고 물류창고와 본사 건물 매입 등 주요 관심사에 대하여 아주 편하게 현장 정보를 즉시 얻을 수 있었다. 특히 거래은행에서 이렇게 사전 검토를 정확하게 해주니 정말로 고마웠다.

지리산에 내려가서도 회사에 도움이 될 만한 정보는 직접 전화로 주었다. 한번은 서울 나들이 오면서 그의 동네 지리산에 살고 있는 남북한 백두대간을 다녀온 '로저 셰퍼드'가 저술한 '영문원서 백두대간 트레일' 책을 선물로 들고 왔다. 블랙야크에서 이미 인기리에 진행 중인 '블랙야크 100대 명산'을 영문판 책으로 만들면 어떻겠냐는 제안도 함께 하면서.

그리고 '우리나라 국립공원 제1호 지리산'에 투자를 요청하면서 구례군청 김채홍 부군수와 함께 우리 사무실을 방문했다. 지리산자락 구례에 대하여 심도 있게 검토할 수 있는 좋은 기회를 제공했고, 천혜의 자연 보고寶庫 구례의 여러 곳을 관심 깊게 돌아보았다. 기업은 살아있는 생물이기에 좋은 투자처가 있으면 언제나 새로운 사업을 진행할 수 있는 것이다.

24년 동안 신한은행 업무를 마치고, 이제 지리산에서 6년, 이렇게 최근 30여 년의 경제활동, 그리고 40여 년 산행이야기를 엮어 한 권의 책으로 발간하니 '등산과 기업 경영'을 평생 업業으로 살아온 나에게도 더욱더 관심이 쏠리는 책이다.

우리 민족의 영산靈山 지리산에서 인생 후반전을 펼치는 정영혁 대표에게 끝으로 한 말씀 전한다.

"지리산을 부탁해!"

지리산이 선택한 사람

산악인 남난희(백두대간 전도사)

무언가를 새롭게 선택한다는 것은 무언가를 버려야만 가능할 것이다.

다른 모든 대상도 그렇겠지만 특히 귀촌이나 귀 산촌인 경우는 특히 심할 것이다.

왜냐하면 그동안의 모든 기반들을 포기하지 않으면 쉽지 않기 때문이다.

사람에 따라 차이가 있겠으나 소위 잘 나가는 직장을 포기한다는 것은 대단한 용기가 필요할 것이다. 안정된 수입, 익숙한 환경, 주변의 시선 등 마음먹기도 어려우나 그것을 실행한다는 것은 보통의 용기가 아니면 어려울 것이다.

내가 알고 있는 정영혁 산우는 그 용기 있는 사람이다.

자신의 능력을 인정받는, 물론 짱짱한 수입도 보장되는, 누구나 부러워하는 직장, 은행 지점장직을 그만두고 취미로 해도 충분할 지리산을 선택했다.

물론 그는 지리산에 와서 산만 오르내린 것이 아니고 지리산 아래 아예 삶터를 꾸민 것이다.

그것도 본인만의 삶터가 아니라 지리산을 사랑하고 지리산이 그리운 사람들과 함께 할 수 있는 지리산 베이스캠프를 지리산자락 아래 턱하니 구축해 두었다. 지리산으로 산행을 하는 사람들과 지리산 주변을 여행하는 사람들의 보금자리 또는 안내소 역할을 하는 장소를 차려놓고는 정작 본인은 그 좋아하는 산행은 하지도 못하고 그곳을 찾거나 문의하는 사람들을 위해 지리산 붙박이처럼 베이스캠프를 지키고 있다.

오랜 직장생활 덕인지 원래 성품이 그런지는 모르겠으나 그 어떤 사람도 허투루 대하는 법 없이 꼼꼼하게 설명을 해주는 것은 물론 그들이 원하면 직접 나서서 길 안내도 한다.

아마도 타고난 본성에 사명감이 더해져서 지금의 그를 빛나게 하는 것이라 생각한다.

자기가 하는 일을 좋아하고 만족해한다는 것은 인생에서 가장 큰 행복이 아니고 무엇이겠는가?

　　지리산자락 어딘들 좋지 않으리오만 그의 집도 특별한 선물을
받은 집이다.
　　그의 옥상 정원에 올라가면 산이 확! 안겨온다.
　　아니 내가 산에 안기는 느낌이 더 맞는 표현이겠다.
　　산이, 지리산이, 그것도 백두대간이⋯⋯
　　백두대간 한 자락이 눈앞에 확 펼쳐지는 것이다!

　　나는 그의 집이 부러웠다. 아니 그가 부러웠다.
　　매일 백두대간을 만날 수 있는 그가 몹시 부러웠다.
　　그리고 산행이나 여행을 와서 그 집에서 하루나 몇 날이나 묵는
사람들이 부러웠다.
　　백두대간이 내려다보이는 곳에서 살거나 묵는다는 것은 그리 흔
한 일은 아니고 어쩌면 선택받은 사람만이 누릴 수 있는 호사가 아
닐까 생각한다.
　　어떤 대상에게 선택된다는 것은 참 기분 좋은 일이 아닐 수 없는
데 하물며 백두대간이라니⋯⋯

　　그리고 왜 후회가 없었을까?
　　아는 이 하나 없는 낯선 곳에 민들레 홀씨처럼 날아와서 지금의

자리까지 오려면 얼마나 많은 시련과 좌절과 절망과 기다림이 있었
겠는가?

그래도 지리산을 믿고 지리산을 의지하며 때로는 후회하고 또한
매 순간 감사해하며 지금까지 잘 살았을 것이다.

앞으로도 지리산을 든든한 백으로 삼아 지리산 베이스캠프 역할
을 잘 할 것이다.

베이스캠프란 말 그대로 힘든 등반을 하다가 휴식이 필요할 때
몸과 마음을 쉬는 곳 아닌가?

우리의 인생이 산행과 비슷하지 않은가?

오르막이 있으면 필히 내리막이 있고 계속되는 평지란 아예 없
는 것이 산행이듯이 인생 또한 그것과 다를 바 없으니 휴식이 필요
할 때 우리들의 베이스캠프 지리산 노고단게스트하우스에 오면 충
분한 휴식으로 몸과 마음을 회복할 것이며 덤으로 우리가 잘 몰랐
던 지리산 주변의 이야기와 사람, 자연, 생태, 환경 등의 그가 가지
고 있는 해박한 지식과 이론도 들을 수 있다.

그는 지리산이 선택한 사람이다.

여행은 사람이다

매일 후회하며, 매일 감사하며,
매일 묵묵히 걷는다

　대학교 졸업 후 첫 직장이자 24년 동안 일해 온 신한은행에 사직서를 내고 지리산으로 내려간다고 하자 은행에서도, 주변에서도 난리가 났다. 잘나가는 지점장 자리에 있을 때이니 만나는 사람들마다 나더러 미쳤다며 퇴사를 말렸다.

　"꼭 그렇게 하고 싶은 일이라면 근무연수 최대한 꽉 채우고 명예퇴직 후 시작해도 충분하잖아요. 왜 무리하면서 일찍 산으로 가요?"

　모두들 의아해했다.

　"고향도 아니고 학연도 지연도 없는 곳에서 얼마나 힘드시려고요?"

한마디로 걱정하는 이들이 적지 않았다. 지점장이 갑자기 사표를 내고 지리산으로 간다고 하니 대부분의 사람들이 이해하지 못했다. 사고 친 게 아니냐는 의심을 하는 사람까지 있었다. 반면 다른 한쪽에서는 격려해 주는 친구들도 있었다. 산을 워낙 좋아하는 나를 잘 아는 친구들이었다.

요즘 은행에 입사하는 것은 거의 고시 수준에 가깝다. 그리고 지점장은 소위 '은행원의 꽃'이라고 불리는 위치다. 나는 그런 '신의 직장', '꽃자리'에서 뛰쳐나와 지리산으로 왔다. 내가 좋아하는 일, 내가 하고 싶은 일을 지금 이 순간 현장에서 직접 해 보기 위해서였다. 지리산에서의 나의 미래를 위해 과감하게 결단을 내렸다. 결단을 빠르게 내릴 수 있었던 이유는 간단했다. 딱 두 가지만 포기하면 되었다. 하나는 '사회적 지위와 체면', 나머지 하나는 '경제적인 것, 즉 수입'이었다. 당연히 '은행이라는 울타리 안에서 일해 온 은행원이 정글에서 과연 살아남을 수 있을까?' 하는 걱정이 들었다. 내가 좋아하는 일, 내가 잘하는 일을 향한 도전이니 용기를 내어 감행할 수 있었다.

6년이 지난 지금 생각해 보면 은행을 나온 타이밍은 옳았다. 주변에서 주저앉힐 때 머뭇거리며 시간을 보냈더라면 퇴사 후 그동안 겪었던 어려움을 딛고 넘어서기가 훨씬 힘들었을지도 모른다. 그보다도 아예 이러한 선택을 회피했을 확률이 높다. 꿈과 소망에 대한 도전을 잊고 안전하고, 쉽고, 편한 길을 택했을 수도 있다. 지금처럼 탱크와 같이 밀어붙이지는 못했을 가능성이 더 많다.

한번은 게스트하우스&호텔에 찾아온 후배가 조심스레 물었다.

"지점장님, 일찍 그만두고 지리산에 오신 선택을 후회하지 않으세요?"

"왜 안 하겠어? 매일 후회하지. 이것도 사업이라고 너무 힘들어서. 하지만 산을 오르는 오르막길이니 당연히 힘든 거잖아. 이제 정상에 오르면 꽃피는 봄날이 될 거야."

지금 내가 하는 업業의 성격이 하루아침에 완성될 수 없는 것이기에 산을 오르듯 한걸음씩 차근차근 채워간다. 먼 걸음으로 뚜벅뚜벅 간다. 주변에서의 우려와 걱정을 가슴에 안고서 걷는 마치 순례자처럼 말이다. 그러다 보면 정상에 오르는 날, 순례지에 다다르는 날이 있을 것이라고 믿는다.

신한은행에서 은행원으로서의 삶은 참으로 소중하고 행복한 날들이었다. 좋은 선후배들을 만났고 함께 부대끼며 동고동락했다. 언제나 숫자와 싸우며 실적 경쟁이 치열했지만 그 경쟁을 즐기면서 서로 격려하는 따뜻한 문화를 만끽했다. 매일 아침 감사하는 마음으로 시작하지 않을 수가 없었다. 출근이 즐거웠다. 긍정적인 관점에서 일을 했다. 담당하였던 기업금융 업무는 나에게 아주 딱 맞는 천직이었다. 일선 현장에서 고객들과 밀접하게 대면하는 일이 좋았다.

나는 특이하게도 은행 생활 전부를 영업점에서만 근무했다. 신한은행 성남지점 개점요원(1991년, 현재 성남공단기업금융센터)으로 지원하여 성남지점이 완벽하게 뿌리내리기까지 모든 과정을 함께했다. 조흥은행과 통합 당시에는 합병요원으로 5년간 근무하면서 압구정역금융센터를 '신한은행 기업금융점포의 표준'으로 만들었다. 그야말로 완벽한 포스트를 세웠다. 성남과 압구정역 지점에서의 경험은 다이내믹하고 다사다난했다. 무에서 유를 창조했다고 할 만큼 성과도 좋았다. 여러 지점에서 근무했지만 그만큼 두 지점이 가장 기억에 남는다. 무엇보다 1982년 설립 후 신한은행이 폭풍처럼 성장하던 시기를 함께 경험했다. 치열하고 신나는 인생의 전반전을 신한은행에서 보냈다.

지리산, 내 삶의 후반전을 채울 무대

지리산은 내 삶의 후반전을 채울 무대이다. 적토마처럼 뛰어다니고 싶은 나에게 지리산은 광활한 들판이 되어줄 것이다. 오직 지리산이 좋아서 편안하고 안전한 보통의 궤도를 벗어던지고 왔다. 단기필마單騎匹馬하듯이, 연고도 없는 이곳에 외로이 그러나 씩씩하게 내려왔다. 남들이 보기에는 마치 소설 속의 돈키호테처럼 보이려나? '지리산 살이'를 시작하며 지리산온천랜드의 부사장직을 맡았다. 일에 대한 의욕과 책임감 등 직원들의 근무 분위기가 다른 것을 이해하고 조율해 가면서 '원맨쇼'를 해야만 했다. 그 경험이 게스트하우스&호텔을 개업하는 데 따끔한 예방주사가 되어주었다. 인원 등 시스템을 어떻게 만들어야 하는지 현지 상황을 이해하였기 때문이었다.

지리산 여행자들의 쉼터, 베이스캠프가 되는 것이 목표인 '노고단게스트하우스&호텔'은 객실 40실과 식당, 세미나실을 갖춘 건평 500평이 넘는 규모이다. 나처럼 맨땅 위에서 시작하는 경우, 시설 투자를 하고 기반을 잡으면서 사업을 안정기에 올려 두려면 3년 정도 시간이 걸린다. 3년 안에 기본 틀을 잡기 위해 전력을 다했고 3년 된 지금 외관적인 부분과 인원, 조직 관련 시스템은 완성이 되었다.

나의 이야기가 희망이 되기를

책을 쓸 만한 상황이 아니었지만 지리산으로 오는 것만큼 책을 쓰는 것도 간절한 나의 꿈이었다. 어려운 형편 때문에 학업을 중도에 멈추고 생계 전선에 일찍 뛰어드는 등 또래의 친구들에 비해 굴곡 있는 삶을 살았다. 여행에서 만난 사람들과 여행지에서의 경험 담도 풍부했다. 신한은행에서 보낸 24년과 지리산에서 보내고 있는 6년 동안의 이야기를 정리해 들려주고 싶었다. 내성적이고 소심한 성격임에도 영업점에서 놀라운 실적을 올리며 활약했던 이야기는 직장 생활로 고민하는 이들에게 도움이 될 수 있을 것 같다. 은퇴를

앞둔 이들, 꿈 앞에서 머뭇거리는 이들, 삶의 산등성이와 계곡을 넘어가며 힘들어하는 이들에게 나의 이야기가 희망이나 반면교사가 될 수 있지 않은가.

어려서부터 산행을 해서 어언 40년이 넘은 산행 경력자가 되었다. 산에 가면 모든 것이 다 해결되었다. 어렵고 힘들 때도 즐겁고 잘나갈 때도 늘 산과 함께 했다. 산에 오르면 스스로 '본연의 나'를 찾을 수 있었다. 배낭을 메고 나설 때가 제일 행복했다. 지금도 그렇다. 그동안 오른 산과 다녀온 여행지도 40여 년의 경력만큼 많다. 지리산, 설악산, 한라산 등 국내 주요 산들, 안나푸르나, 에베레스트, 칼라파타르, 고쿄피크, 촐라패스 등을 다녀온 히말라야 트레킹, 아프리카 킬리만자로 정상, 백두산과 일본 후지산, 16일 동안의 유럽 배낭여행, 군 입대 전 도보로 3천 리 전국일주 등등.

여행의 가장 큰 이득은 본연의 나를 만나는 일이다. 그리고 가장 큰 즐거움은 사람을 만나는 것이며 가장 큰 배움도 사람을 만나는 데서 얻는다. 여행에서 돌아오는 귀갓길에 늘 느낀다. '여행은 사람이다'라고.

"우리 지리산에서 만납시다!"

지리산에서 아침을 맞으며 스스로에게 주문을 건다.

"나는 행복하다. 내가 꼭 하고 싶었던 일, 내가 제일 잘하는 분야에서 그 일을 업으로 삼고 살아갈 수 있기에."

경제적인 고충도 있고 여행을 떠나고 싶은 마음을 꾹꾹 눌러야 하는 어려움도 있으나 아침 주문은 사실이다. 성실하게 보낸 하루하루가 쌓이면서 점점 더 좋아지고 있지 않은가. 내게는 아직 꿈과 목표가 남아 있고, 곁에는 좋은 사람들이 있지 않은가.

나의 지난 삶의 경험과 깨달음을 만나는 사람들과 나누고 싶었다. 무엇보다도 앞으로도 계속 나누면서 진행형으로 살 수 있는 이곳 지리산 여행자들의 베이스캠프에서, 여행에서 얻은 모든 것을 나누고 얘기해 줄 생각이다.

이 지리산에서 그들을 만나고 그들과 얘기하고 그들을 사랑하게 되는 나날들……. 세계가 얼마나 넓고 놀라운 것인지 자신이 얼마나 위대하며 아름다운지 결코 쉽지 않은 인생살이도, 마치 산을 오르는 것처럼 씩씩하게 헤쳐 나갈 수 있다는 사실을.

이처럼 나는 목표를 향해 꾸준히 그리고 원 없이 매진했기에 내 인생은 행복하다고 감히 자신 있게 말할 수 있다.

이 책이 나오기까지 고마운 분들이 많다. 가족의 이해와 도움이 없었다면 지금의 나는 없었을 것이다. 결코 쉽지 않은 직장생활에서 오히려 가족처럼 한 팀으로 뭉쳐 즐겁게 지냈던 직장 동료들, 믿고 함께해 온 거래처 고객님들, 힘들고 지칠 때 격려와 용기를 북돋아준 지리산에서 얻은 동생 데이빗, 나에게 관심을 갖고 애정 어린 말을 전해주는 분들, 모두가 내겐 고마운 분들이다. 아무런 연고도 없는 내가 지리산에 정착할 수 있도록 기꺼이 도와준 이웃들, 노고단게스트하우스&호텔을 방문해준 손님들에게 다시 한 번 감사의 말씀을 드린다.

〈노고단 정상에서 본 지리산 만복대(1,438m)와 구름 바다〉

차 례

PART 1

노고단게스트하우스에 오신 걸 환영합니다

— 지리산에서 만난 사람들 이야기

PART 2

우리는 지리산자락에서 함께 삽니다

— 나의 지리산 이웃들 이야기

PART 5

지리산자락 명소와 맛집을 소개합니다

— 여행을 더욱 즐겁고 맛있게 하는 이야기

노고단게스트하우스에
오신 걸 환영합니다

-지리산에서 만난 사람들 이야기

"우리 영감 만나면
얼른 돌아오라고 해줘요."

한 지리산 종주팀과 노고단 정상에 올랐다 반야봉으로 방향을 바꿔 걷고 있을 때였다. 할머니 한 분이 임걸령샘을 지나 오르막길을 홀로 오르는 게 보였다. 그 모습이 의아해 여쭸다.

"이 깊은 산중에 혼자 오셨어요? 어디까지 가세요?"

할머니는 얕은 숨을 몰아쉬며 대답했다.

"우리 영감하고 같이 왔는데, 요 아래 샘까지만 가기로 약속하곤 기어코 반야봉 정상에 오른다고 앞서 갔지 뭐야. 아저씨가 우리 영감 만나면 빨리 되돌아오라고 설득 좀 해줘요."

두 분은 할아버지의 여든두 번째 생신 기념으로 지리산에 왔다

고 했다. 마침 종주팀과 내가 반야봉 가는 길이니 할아버지를 만나
면 말씀을 꼭 전하겠다고 안심시켜 드리곤 발길을 옮겼다. 역시나
노루목에서 할아버지를 만났다. 여든이 넘은 나이가 믿기지 않는
걸음이었다. 평소 두 내외분이 동네 뒷산인 청계산을 꾸준히 다니
고 있다고 했는데 그래서인지 무척 건강해 보였다. 그래도 반야봉
정상까지 쉽지 않을 코스다. 할아버지에게 할머니의 말씀을 전하며
당부를 드렸다.

"여기서 반야봉 정상까지는 아주 힘든 길입니다. 거의 한 시간
가파르게 올라가야 합니다. 할머니께서 기다리시니까 여기서 돌아
가셔야 해요."

"그래. 알았어, 알았어."

할아버지의 다짐을 받고 종주팀과 나는 다시 출발했다. 반야봉
정상에서 도시락을 먹고 지리산 파노라마 삼매경에 빠졌다. 그렇게
한참을 쉬고 하산하려고 막 일어날 때였다. 어럽쇼, 노루목에서 되
돌아가기로 한 할아버지가 올라오시는 게 아닌가. 그 연세에 노고
단을 오르는 것도 놀라운 일인데, 반야봉까지. 성삼재에서 반야봉
정상까지 왕복으로 17킬로미터이다. 보통 8시간이 소요되는 구간
이다.

할아버지는 놀라는 우리를 보곤, 걱정할 것 없다는 듯 손을 흔들
며 말씀하셨다.

여행은 사람이다

"뒤따라오던 우리 집사람 잘 만났어. 얘기를 잘해서 집사람은 노루목에서 기다리기로 했으니 걱정 말아."

할아버지는 반야봉에 오르는 것이 소원이었다고 했다. 그래서 생일을 핑계 삼아 임걸령까지만 가자고 할머니를 설득했다고 했다. 처음부터 반야봉 등반은 할아버지의 '치밀한 작전'이었던 셈이다. 반야봉에서 우리는 할아버지의 '작전 성공'과 여든두 번째 생신을 축하드렸다.

"생신 축하드려요! 아주 뜻 깊은 생일이 되었어요. 반야봉 정상에서 생신을 축하드립니다!"

할아버지는 어린아이처럼 화사한 얼굴로 기뻐하셨다.

그런데 어떡하나. 벌써 4시였고 하산하는 중에 어두워져 야간 산행을 하게 될 상황이었다. 게다가 나이 든 어르신과의 하산 시간은 꽤 길다.

삼도봉 가는 갈림길에서 종주팀과 헤어지고 노루목에서 기다리는 할머니를 만났다. 이제 나 혼자 성삼재까지 두 분을 모시고 가야 했다. 두 분은 하루 종일 체력 소모가 많았고 나이가 있으니 피로가 더 빨리 왔다. 느린 걸음이라도 꾸준히 걷는 것이 제일 중요하다. 두 분의 호흡에 맞춰 천천히 쉬지 않고 걸었다. 무사히 임걸령에 도착했다. 간단히 휴식을 취했다. 과자를 먹으며 에너지를 보충했다. 헤드랜턴을 켜고 완전히 어두워져서야 겨우 노고단고개에 도착했다. 나는 가파른 계단을 피해 완만한 길을 택했다. 조금 더 멀더라도 무릎에 부담 없는 안전한 길로 가는 것이 좋기 때문이다.

노고단대피소를 지나 성삼재에 도착하니 완전히 한밤중이었다. 성삼재휴게소와 주차장은 물론 상가들까지 모두 끝나 컴컴한 칠흑 속이었다. 그래도 천만다행이었다. 나는 속으로 안도의 한숨을 쉬었다.

〈목표를 달성한 후 마치 스무 살 청년처럼 보이는
여든두 살의 윤응열 할아버지〉

여행은 사람이다

여행의 즐거움은
어디서 오는가?

게스트하우스 단골인 서영란 님은 잠깐이라도 짬이 나면 지리산으로 오는 '에너자이저'다. 처음에는 친구들과 왔고 다음에는 아파트 이웃들과 함께 왔다. 이웃들과 왔을 때는 게스트하우스의 하늘 정원과 색에 맞춰 옷도 무지개 색으로 완벽하게 준비했단다.

"개신남!"

이번 서영란팀의 구호다.

여행객들이 자주 묻는 질문 중 하나가 '여행을 즐겁게 하는 비결은 무엇인가?'이다. 답은 아주 간단하다. '스스로 즐거운 여행자가 되는 것'이다. 여행이 항상 설레고 즐거운 것만이 아니다. 여행이 힘들더라도 즐기겠다는 긍정적인 마음으로 기꺼이 상황을 받아들이면 된다. 즐겁고 밝은 사람에게선 맑고 선한 에너지가 발산된다. 그 옆에 있는 사람도 자연히 느낄 수 있다. 그런 선한 영향력을 주는 여행자가 되면 어떤 여행도 즐겁다.

부산에서 오는 서영란팀은 항상 밝고 씩씩한 기운을 팍팍 뿜어낸다. 그 근처에 있으면 나 또한 아니 즐거워질 수가 없다.

게스트하우스를 다녀간 후 자녀들을 우리에게 보낼 때가 있는데, '개신남팀'도 그랬다. 지리산 등반 경험이 좋았는지 아들 딸 중학생 11명을 모아 팀을 꾸리곤 부산서부터미널에서 버스에 태워 보냈다.

"아이들 잘 부탁합니다."

"걱정 마세요. 소중하고 알찬 추억을 챙겨 갈 겁니다."

이렇게 장담하며 대답할 수 있는 데는 이유가 있다. 부모 곁을 떠나 친구들과 지리산에 왔는데 무엇이든 못 얻어가겠는가. 중학생 '베스트일레븐팀'은 어려서부터 친구였으니 더욱 즐거울 것이 당연했다. 두런두런 이야기를 나누며 장난도 치고, 웃으며 즐겁게 오르니 힘든 것을 못 느끼고 어느새 노고단대피소에 도착했다. 흩어져 걸었으면 분명히 몇 명은 뒤처져 고생했을 터인데 친구들 모두 함께 올라왔다. 혹시나 걱정할지도 모를 부모님을 생각해서 산을 오르는 아이들의 모습을 찍어서 보내주었다. 부모님들은 사진을 보곤 놀라워 했다.

"우리 애들이 이렇게 행복한 표정을 짓는 것을 처음 봐요!"

실제로 어떻게 도착했는지 모를 정도로 아주 가볍게 걸어왔고, 아이들 얼굴에선 힘든 표정을 찾아볼 수 없었다. 노고단 정상에 오르자 아이들은 점프샷과 인증샷을 찍기 바쁠 뿐이다.

철부지 아이들이라 생각하지 않고 성인을 대하듯 숙소의 사용방법과 주의사항을 안내해 주었다. 아이들은 규칙을 잘 지켰고 저녁 늦게까지 즐겁게 시간을 보냈다. 아이들의 모습을 보며 산에 오르는 것을 좋아했던 나의 어린 시절이 떠올랐다. 지난 추억을 되새기게 해준, 어린 손님들이지만 반갑고 고마운 큰 손님들이었다.

〈보기만 해도
신나는 소리가 들리는
개신남팀의 노고단 인증샷〉

〈보기만 해도
왁자지껄 신나는
개신남팀의 여행일지〉

〈노고단 정상에
신나고 즐겁게 오른
베스트일레븐팀〉

아이 홀로
여행을 보내야 하는 이유

유미선 님 가족팀은 해마다 우리 게스트하우스에 와서 지리산 종주를 하고 있다. 고등학생 두 아들과 화엄사부터 오르는 노고단 산행을 마치고 하산을 하는 그들을 맞이하기 위해 시간에 맞춰 성삼재까지 올라갔다. 큰아들은 나를 보자 깜짝 놀라며 눈이 많을 텐데 여기까지 어떻게 오셨냐며, 걱정했다. 한겨울 눈길이어서 일반 차량은 올라갈 수 없지만 나는 4륜구동 차량이기에 쉽게 갈 수 있다.

눈길 위를 아이젠을 차고 해야 하는 겨울 산행인데다 화엄사부터 올라 노고단을 찍고 성삼재까지 하산하는 코스는 일반인은 엄두를 못내는 코스다. 그런데도 유미선팀의 두 아들은 지친 기색 없이 씩씩하다. 수능시험을 마친 고3 큰아들에게 산행이 어떠했냐고 묻자 이렇게 대답했다.

"아주 좋았어요. 점수로는 70점이에요."

"아주 좋다면서 왜 점수는 낮아?"

"이렇게 좋은 곳에 아빠가 함께 못 와서요. 아빠도 함께 왔으면 100점인데."

깊고 따뜻한 아이의 마음이 느껴졌다. '그래, 좋은 건 가족과 함께 해야 진짜 더 좋지.' 하는 생각이 들었다.

숙소에 와 저녁식사를 마치고 유미선 님이 내게 물었다.

"아들이 자꾸 혼자 유럽 배낭여행을 가겠다고 하는데 대표님 생각은 어떠세요?"

"무조건 보내세요! 가기 싫다고 해도 달래서 꼭 보내야 합니다. 그런데 스스로 가겠다고 하니 무조건 환영해야죠. 여행 마치고 돌아오면 어느새 훌쩍 커버린 건강한 아들을 보게 될 거예요. 기대하고 보내주세요."

여행은 최고의 공부이다. 특히 혼자 떠나는 배낭여행은 인생의 종합선물세트이다. 새로운 세상을 배울 수 있다. 가야 할까, 말아야 할까, 고민하고 있는 청춘이라면 고민할 것 없이 무조건 떠나라. 두려움이 앞선다면 가까운 국내여행을 먼저 해 보면서 여행의 기본

패턴과 기본기를 익히면 된다. 외국여행도 마찬가지다. 언어만 다를 뿐이다. 그곳 또한 사람들이 사는 곳이니까 다를 것이 없다.

혼자 여행을 망설이고 있거나 계획하고 있다면 이주영 여행작가의 책 《나 홀로 여행 컨설팅북》과 그가 운영하는 여행 카페 '나여추—나 홀로 여행 가기 나만의 추억 만들기(cafe.naver.com/naganda)'를 추천한다. 베스트셀러인 《나 홀로 여행 컨설팅북》은 그야말로 혼자 여행하는 데 필요한 모든 정보를 담고 있다. 회원이 21만 명이나 되는 나여추 카페는 여행자를 위한 모든 것이 있는 카페이다.

아이들에게 학교 공부만큼이나 여행은 꼭 필요하다는 것이 나의 생각이다. 한번은 여고생이 혼자 게스트하우스를 예약해 찾아왔다. 혼자서 38일 일정으로 해남 땅끝마을에서 강원도 고성 화진포까지 장거리 도보여행 중이라는 아이를 맞으면서 걱정되어 물었다.

"혼자 여행이라니, 안 무서워? 별일 없었니?"

"집을 나와서 무작정 걷고 싶었어요."

아이의 대답은 간단했다. 그야말로 질풍노도의 시기이니 더 길게 물을 필요도 없었다. 아이는 아르바이트를 해서 여행 경비를 모았다고 했다. 그리고 부모님께 자신의 여행 계획을 설명하고 설득해서 어렵게 허락받았다고 한다. 비가 오는 날이라 우비를 입고 대형 지도도 비에 안 젖게 비닐로 잘 싸서 지니고 있었다. 행색을 보니 정말 본격적이었다. 걱정했던 마음이 옅어지고 기특한 마음이 들었다. 밖에 나가 괜한 일을 벌이거나 집에서 반항만 하고 있는 것보다이 얼마나 멋지고 근사한 사춘기란 말인가. 여행을 다 마친 후 여학생이 엄청 성장해 있을 것이 눈에 훤히 보였다.

이후 유미선 님은 큰아들이 한 달 동안 유럽 배낭여행을 잘 다녀왔다며 내게 연락해 인사를 전해왔다.

"대표님, 고마워요. 아들이 여행 후 정말 몰라보게 달라져 왔어요. 말씀 그대로예요. 어떻게 그렇지요?"

유미선 님은 궁금해했는데 답은 간단하다. 여행을 떠나면 모든 상황을 본인 스스로 판단하며 다녀야 한다. 좋으면서 불편함 또한 느낀다. 그 순간 우리 집, 가정과 가족의 소중함을 절실하게 느끼게 된다. 몸이라도 아프게 되면 그 절실함은 더욱 더 커진다. 혼자 결정하고 스스로 하는 독립심이 커질 수밖에 없다. 숙박과 식사 등 사소하고 당연하게 여겼던 일상의 모든 것을 완전히 새롭게 깨닫게 된다. 집에서 엄마가 해주는 식사와 빨래 등등 아무런 생각 없이 받기만 했던 그것이 얼마나 고마운지 절실하게 피부로 느끼게 된다.

짧게 하면 이게 나의 대답이다.

"아이가 혼자 배낭여행 다녀오면 반찬투정부터 바로 사라져요."

〈해마다 지리산 종주를 하고 있는 엄마와 두 아들〉

지리산의 매력에 빠진
외국 여행자들

"엄마를 모시고 다시 왔어요!"

게스트하우스와 호텔을 운영하면서 놀란 일 중 하나가 지리산을 찾는 외국인들이 상당히 많다는 사실이다. 아니 엄청 많다. 지리산이 외국 여행객들에게 인기가 많다는 것을 익히 알고 있었지만 예상했던 것보다 지리산을 오르거나 종주하기 위해 오는 외국인들이 많다. 우리 노고단게스트하우스에도 외국인 단골 손님들이 몇몇 계시다.

홍콩의 럭비선수인 남호 님도 단골 중 한 분이다. 당동계곡으로 오르는 길은 참으로 조용하면서 깔끔한 길이다. 3킬로미터를 걸으면 성삼재 고개에 도착하는 호젓한 길이지만 매우 가파른 오르막이기에 체력소모는 상당한 곳이다. 남호는 산행 위주로 홀로 여행 중에 우리 게스트하우스를 오게 되었다. 홍콩 옥스팜 트레일워커에도 참가했을 정도로 트레킹을 좋아하는 친구다. 첫 지리산 방문에서 남호는 성삼재와 노고단 정상을 거쳐 반야봉 정상에 오른 후 피아골 계곡으로 하산하는 아주 어려운 코스로 산행을 마쳤다. 그때의 감동을 잊지 못했는지, 얼마 지나지 않은 3개월 후 다시 지리산을 찾았다. 이번에는 어머니와 함께였다. 둘은 노고단 정상에 올랐다. 남호도 그의 어머니도 대단하다.

〈홍콩에서 와 단골이 되어준 남호 님〉

산수유꽃 축제의 주인공이 된 필립과 파울라

산수유꽃 예쁘게 핀 이른 봄 어느 날 지리산을 가기 위해 온 외국인 부부. 필립 님과 파울라 님은 저 멀리 지구의 반대편 브라질에서 왔다. 우리 게스트하우스의 첫 브라질 손님이라 기분이 좋았다. 그들이 들어서자 표정이 밝고 화사해 갑자기 형광등이 켜진 듯 환해졌다. 아름다운 커플이다. 필립 님과 파울라 님은 게스트하우스에 있던 싱가포르 친구 리닝 님과 단짝이 되어 지리산자락을 열심히 구경하고 다녔다. 언어가 통한다는 것은 참으로 유용한 것 같다. 마침 산수유꽃 축제가 열리고 있어 셋은 축제장 구석구석을 구경하고 와선 자랑을 늘어놓았다.

다음 날 필립 님과 파울라 님 부부, 리닝 님은 노고단을 향해 출발했다. 노고단대피소 도착하기 직전 산수유축제와 노고단을 촬영하던 KBS 〈생생정보통〉 방송팀을 만났다. 방송팀이 보기에 브라질 부부만 한 인터뷰가 없을 것이다. 그들은 이 근사하고 멋진 커플과 리닝 님을 한참 붙잡고 인터뷰했다. 하산 후 지리산흑돼지삼겹살로 저녁을 먹었다. 낯선 곳에서 먹는 낯설지만 맛있는 음식이 또 여행의 맛을 더 깊게 해준다.

여행은 사람이다

〈브라질에서 온 필립 님과 파울라 님, 싱가포르에서 온 리닝 님과 함께 노고단 정상에서〉

구례 오일장 재미에 빠진 오스트리아 커플

알프스의 나라, 멀리 오스트리아에서 온 부부팀은 오자마자 지리산 트레킹 코스를 물었다. 지리산 트레킹에 관심이 많은 그들은 의논을 하더니 노고단과 반야봉을 한 번에 오르는 코스를 선택했다. 둘은 구례버스터미널에 도착해 한 상점에 들어가 모자를 구입했다. 마침 햇볕이 강한 날이었다. 어떤 것이 더 잘 어울리냐고 묻는데 미남미녀라 모든 모자가 잘 어울렸다. 이들의 코스는 노고단행 버스를 타고 성삼재까지 오른 후, 노고단과 반야봉을 거쳐 피아골로 하산하여 오는 8시간이 걸리는 긴 코스이다. 결과적으로 아주 씩씩하게 잘 다녀왔다. 너무 아름답고 즐거운 산행이었다며 거듭 자랑을 했다. 그 자랑을 들으며 속으로 생각했다. '알프스도 멋질 터인데,'

다음 날 아침 구례 오일장이 서는 날이라 둘은 장 구경을 갔다. 호기심 어린 시선으로 이곳저곳 열심히 돌아다니며 구경하기 바빴다.

〈알프스의 나라 오스트리아에서 온 부부.
지도에서 손으로 반야봉(1,732미터)을 표시하고 있다〉

여행은 사람이다

"지리산 종주, 혼자 갈 수 있어요!"

중국계 독일인 소녀 리사는 혼자서 2박3일 지리산 종주에 도전했다. 처음 보기에 가녀린 여학생이라 그 계획을 듣고 걱정이 되었다. 혼자서 여행 다니면 무섭지 않냐고 물으니 리사는 이렇게 대답했다.

"아뇨. 괜찮아요. 어려서부터 혼자 다녔어요. 독일에서는 중학생이 되면 부모님이 혼자 여행을 보내요. 저도 유럽 이곳저곳을 혼자 다녔으니까요. 그리고 원래 등산을 좋아해요. 지리산 종주를 꼭 하고 싶어서 왔어요. 할 수 있어요."

리사의 야무진 대답에 마음을 놓았다. 3일 후에 종주를 마친 리사가 버스를 타고 숙소에 돌아왔을 때 얼마나 기특하고 대견하던지.

당시 리사는 2주 일정으로 한국에 온 상태였다. 리사는 배낭 두 개 중 큰 것은 뒤로 매고 다른 하나는 앞으로 매고 다녔다. 리사는 큰 짐은 숙소에 보관하고 지리산 종주에 꼭 필요한 짐을 다시 꾸렸다. 그 모습을 보고 내가 참견했다. 하나씩 차근차근 챙겨주었고, 추가로 재킷 하나를 더했다.

"산 위의 대피소가 저녁에는 매우 춥단다. 이 재킷은 꼭 있어야 해."

"아, 그래요? 정말 고맙습니다."

또박또박, 하지만 어딘지 외국인 말투가 느껴지는 한국어로 리사가 대답했다. 한국이 좋아서 시작한 한국어 공부가 너무 즐겁다고 했다. 한국어를 먼저 공부한 다음에 중국어도 공부할 것이라고 했다.

〈혼자 2박3일 지리산 종주에 성공한 중국계 독일 소녀 리사〉

'우리 아직 죽지 않았다' 중년들의 지리산 종주

노고단을 오른 자신감으로 종주 '그까짓 거'

숙소를 예약한 60대 여성 일곱 분이 왔다. 지리산 둘레길 중 걷기 좋은 코스를 추천해 달라고 하기에 우선 먼저 노고단을 가보시라고 권했다.

"우리는 산은 힘들어서 안 되고요. 그냥 지리산 둘레길이나 걸으려고 해요."

그런데 노고단이 걷기 더 쉽고 안전하다. 그리고 산행 만족도도 아주 높다. 그래서 재차 권했다.

"이번에는 노고단을 가보시고 다음에 둘레길 걸으면 됩니다."

그렇게 그들과 함께 노고단에 오르기 시작했다. 보폭은 제일 느린 사람에게 맞추고 이야기를 나누면서 아주 천천히 걸었다. 한 명이라도 늦어지거나 팀이 흐트러지면 오히려 더 느려지기 때문이다. 어느새 노고단 정상에 오르니 각자 인증사진 찍기에 바빴다.

"손주들에게 자랑할 거예요. 할머니가 이렇게 지리산 노고단 정상에 왔다고."

노고단에 오르는 큰 장점 중 하나가 바로 이런 자신감 충전이다. 그리고 또 다른 장점은 하산 후 먹는 식사다. 평소보다 많은 운동을 했으니 밥맛 또한 꿀맛이 된다. 식사를 마친 후, 일행 중 한 명이 갑자기 기습 제안을 했다.

"다음 산행은 지리산 종주를 합시다. 정영혁 대장님이 우리를 인솔해주세요! 부탁드려요."

편안하게 둘레길이나 걷겠다던 분들이 노고단을 다녀오더니 자신감이 하늘을 찌를 듯했다. 내가 진심이냐고 물었더니 모두들 꼭 하고 싶다며 입을 모아 응답하는 것이 아닌가. 강렬한 의지가 느껴졌다. 좋다! 그런데 지리산 종주는 2박3일 일정으로 해야 한다. 내가 도저히 3일 동안 시간을 낼 수 없었다. 함께 종주를 하려면 1박2일 일정으로 해야 했다. 1박2일 일정은 보통 종주보다 더 힘든 것이어서 사정을 이야기하며 다시 한 번 물었다. 그런데도 하겠다고 하니, 더욱 좋다. '60대 1박2일 지리산 종주 프로젝트'가 그렇게 세워졌다. 출발 일정은 두 달 후로 잡았다. 그 사이 집근처 산들을 걸으면서 장기적으로 걸을 수 있는 지구력을 키워달라고 부탁했다.

드디어 지리산 종주 출발일이 되었다. 새벽 일찍 성삼재에 도착했다. 가능하면 거북이처럼 최대한 늦게 걸을 수 있도록 이르게 시작했다. 노고단 고개에서 잠시 휴식을 취했다. 보통 산행에서는 많이 쉬는 곳이지만 반야봉이나 종주팀에게는 여기서 한 시간 더 걸어 도착하는 임걸령에서 많이 쉬는 편이다. 임걸령샘은 조용하고 편안한 분위기다. 해발 1,320미터에서 샘물이 콸콸 솟는 것이 신비한 지리산 최고의 샘이다.

"누님들 어서 오세요. 이 물 마시면 10년 젊어져요! 집에 가면 신랑들이 얼굴 못 알아봅니다."

이 한마디에 모두들 샘물을 벌컥벌컥 마신다. 힘든 것도 잊고 모두 즐겁고 달콤한 휴식을 취했다. 이제부터는 힘들어지는 코스다. 계속 오르막길을 가니 천천히 걸어야 한다. 노루목에 도착해 다시 숨고르기를 하며 휴식을 한다. 이곳에서 반야봉 정상까진 가파른 오르막길을 1킬로미터 가면 된다. 그러나 우리는 삼도봉으로 직진한다. 삼도봉은 전라남도(구례군)와 전라북도(남원시), 경상남도(하동군) 이렇게 3개 도의 경계를 이루는 봉우리이다. 이곳에서 다시 휴식을 취하며 모두 컨디션을 체크했다. 이날의 코스 중에서 제일 힘든 길이다. 화개재까지 계속되는 내리막길로 계단이다. 그리고 토끼봉까지는 계속 오르막길이다.

등산을 잘하는 비결은 '슬로 앤 스테디(Slow & Steady)', 천천히 그리고 꾸준히 걷는 방법이다. 이 호흡에 익숙해지면 정말 잘 걷게 된다. 우리 팀은 모두 천천히 걸었다. 그리고 무사히 벽소령대피소에 도착했다.

이틀째 아침 일찍 바로 출발했다. 그러면 아침식사는 세석대피소에서 하면 된다. 오히려 내리막길에서 늦어지는 사람이 발생했다. 무릎이 아프다는 사람들이 하나둘 나오기 시작한 것이다. 원래 내리막길이 무릎에 무리를 더 준다. 아, 걱정이다. 천왕봉 등정 후 하산길이 더 염려되었다. 그래도 모두 천왕봉 정상에 섰다. 관절이 시원치 않은 60대 종주팀 모두가 한 명의 낙오자 없이 정상에 올랐다. 멋지다!

〈'한국인의 기상 여기서 발원되다' 천왕봉 비석 뒷면에서 한 기념촬영〉

여행은 사람이다

58년 개띠, 지리산 종주에 도전하다

58년 개띠 친구 네 분이 환갑 기념으로 2박3일 지리산 종주에 도전한다며 왔다. 이 '58년 개띠팀'의 종주 도전에 게스트하우스의 다른 일행도 합세했다. 모두 지리산 종주가 처음이었기에 계속 주의 사항을 설명하며 함께 노고단을 천천히 올랐다. 노고단을 지나야 본격적인 산행길이다. 화엄사부터 오르던 예전에 비해 많이 쉬워졌지만 그래도 지리산이다. 아저씨들은 의욕에 넘쳤다. 덩달아 다른 일행들까지 '으쌰으쌰'다.

"자신의 연식(?)을 생각하셔야 해요. 무리하지 않고 걸어야 합니다!"

나는 의욕에 넘치는 개띠팀에 잔소리를 해댔다. 임걸령까지만 함께 하고 나는 하산하면서도 걱정이 되었다. 개띠팀과 숙소 일행은 연하천대피소와 장터목대피소에서 2박을 한 후 천왕봉 정상을 올랐다 하산하면서 나와 다시 만나는 일정이었다.

개띠팀이 하산하는 날 나는 약속시간보다 빨리 도착하여 로타리대피소를 향해 올라갔다. '다들 별 탈이 없어야 할 텐데' 하는 걱정에 서둘렀기 때문이다. 다행히도 모두들 무사했다(?). 생각보다는 아주 잘 걸었다.

서로 바쁘게 사는 현실에서 친구들이 날을 맞추는 것도 어렵거

니와 지리산 종주를 실행하기란 더더욱 어려운 일이다. 그 어려운 일을 해냈으니, 대단하다. 그들을 맞이하며 얼굴에 절로 미소가 띄어지며 축하했다.

"환갑 축하드립니다! 종주를 축하드립니다!"

〈천왕봉에 오른 58년 개띠팀〉

여행은 사람이다

커진 만큼 즐거움도 커진다, 단체 손님들과의 만남

고생 좀 해 보라고 했더니, 신이 난 아이들

좋은나무교회 초등학생팀이 지난해 여름에 이어 다시 방문했다. 1년 사이 훌쩍 큰 아이들을 보니 '아이들 자라는 건 눈 깜짝할 새'라는 말을 다시 실감한다. 이들의 이번 목표는 세 가지다. '첫째, 지리산자락 당동마을 힘든 코스로 노고단 오르기' '둘째, 상위 마을에서 만복대 정상에 오르기' '셋째, 지리산 둘레길 걷기'다. 한창 더운 때이기에 걱정이 되지만 작년 여름에도 잘 걷고 즐겁게 보냈던 아이들의 모습이 기억나서 마음이 놓였다.

서양 속담에 '귀한 자식일수록 여행을 시켜라'는 말이 있다. 이런 수련회 같은 활동은 '집 밖에 나가 집과 가족의 소중함을 느껴 보거라', '추울 때는 추운 데서, 더울 때는 더운 데서 고생을 해 보거라', '낯선 곳에서 스스로 고난을 이겨내고 문제를 해결해 보거라' 같은 의도를 가지고 있다. 하지만 친구들과 단체로 온 아이들은 신이 나 있을 뿐이다. 뙤약볕에서 걷는 것도, 빙판길에서 미끄러지는 것도, 서로 힘들어하는 모습을 보는 것도 즐겁고 재밌을 뿐이다. 좋은나 무교회 초등팀도 밝고 신이 나 있었다.

초등학생팀은 어른들도 걷기 힘든 코스를 아주 씩씩하게 걸었다. 포장도로 따라 걷는 길은 열기가 강해 짜증이 날 텐데도 친구들과 함께 걸으니 그냥 즐거운 모양이었다. 수건이며 물, 간단한 간식을 넣은 배낭이 가볍지 않을 텐데 다들 자기 배낭을 자기가 짊어지고 잘도 걷는다. 배낭을 달랑달랑 메고 씩씩하게 걷는 아이들의 뒷모습을 보고 있자니 귀여워서 절로 미소가 지어졌다. 잠깐 길가에 걸터앉아 휴식 시간을 갖겠다고 하니, 그것도 즐겁다. 자리도 불편하고 볕 때문에 찌는 듯한 날씨인데도 말이다. 배낭을 열어 간식도 꺼내 서로 나눠 먹고 물도 마시며 계속 신이 나 있다.

산행을 마치고 오리불고기를 먹는데 배도 고프고, 다른 친구들 사이에서 경쟁심이 생기니 어른들이 먹는 양 못지않게 먹는다. 옆에서 지켜보는 나 또한 절로 많이 먹게 되었다. 덕분에 오랜만에 포식을 했다. 작년보다 키가 훌쩍 큰 한 아이에게 힘들지 않느냐고 물으니 오히려 너무 좋단다.

"산에 다니는 게 너무 좋아요. 지난번에 가족들이랑 왔을 때는 천왕봉을 넘어 거림 코스로 하산했어요. 다음에는 지리산 종주도 해 볼 거예요."

초등학교 5학년이라는 아이가 지리산의 구석구석을 줄줄 꿰고 있어 놀랐다.

〈목표한 대로 만복대에 올라 즐겁게 기념사진을 찍는 좋은나무교회 아이들〉

사색의 코스를 선택한 조용한 여행자들의 모임

다음카페 리산애감성여행(cafe.daum.net/redhot8962) 카페 회원들이 창립 4주년을 맞아 우리 노고단게스트하우스를 찾았다. 여행지 중에서도 특히 지리산을 좋아해 카페 이름이 '리산애'인 카페다. 지난해에는 구룡폭포와 구룡계곡을 걸었고 이번 코스는 지리산 둘레길과 수락폭포이다. 리산애감성여행 카페는 '감성과 감동이 있는 따뜻한 사람들과의 여행을 꿈꾸는 이들을 위한 카페'이다. 그래서인지 차분하고 사색하는 듯한 코스를 선택한 것 같다.

리산 대장이 45명의 회원들을 이끌며 지리산 둘레길 22구간을 걸었다. 둘레길을 걷고 수락폭포에서 시원하게 물벼락을 맞고, 우리 노고단게스트하우스에서 지리산흑돼지바비큐로 마무리했다. 이보다 깔끔한 코스는 드물 것이다.

〈카페 분위기 그대로 진지하고 차분했던 리산애감성여행 카페 회원들〉

여행은 사람이다

히말라야 소녀
연선이와의 만남

화엄사에서 무넹기까지의 길은 올라갈 때도 내려갈 때도 모두 힘든 길이다. 길이 가파르고 돌계단이 많아 무릎에 부담이 많이 되는 코스이기에 어른들은 기피하는 곳이다. 그런데 이 코스에 어린 소녀 연선이가 도전했다. 그리고 보란 듯이 씩씩하게 산행을 마쳐 주변에 있던 어른들을 다 놀라게 만들었다.

전연선 어린이를 처음 만난 것은 지난 추석 연휴 때였다. 초등학교 2학년인 연선이와 노고단을 함께 올랐는데 어찌나 쉽고 편하게 잘 걷는지. 어린아이가 산행을 너무 잘하기에 호기심에 찬 내가 "산에 많이 다니냐?" "어디 어디를 가봤냐?"며 물었던 기억이 생생하다. 연선이는 전날 산행을 마치고도 아침 일찍 일어나 생생한 모습으로 게스트하우스 안 이곳저곳을 구경하고 있었다. 내가 히말라야 등반에 대해 이야기하자, 끼어들며 자신도 히말라야에 가고 싶다고 말했다.

"아저씨, 저도 히말라야에 갈 거예요. 너무 가고 싶거든요."

3학년이 된 연선이는 정말 히말라야 안나푸르나 베이스캠프(ABC) 트레킹을 다녀왔다. 함께 간 엄마가 힘들어하자 오히려 어린 연선이가 엄마를 챙기고 격려하면서 트레킹했다는 것이 아닌가. 트레킹 코스의 종착지 안나푸르나 베이스캠프에 오르는 날, 마차푸차레 베이스캠프(MBC)에서 숙박을 하고 새벽에 출발예정인데, 연선이가 이른 새벽에 먼저 일어나서 엄마를 깨웠다고 한다. 소풍날처럼 기대되고 신나서 일찍 일어날 수밖에 없었던 걸까. 대단한 꼬마 산악인이다.

다시 한 번 지리산을 타기 위해 우리 게스트하우스를 찾아왔다. 예쁘고 야무지고 똘망똘망한 연선이는 산다람쥐처럼 산을 정말 잘 탄다. 노고단을 다녀온 4학년 연선이는 다음 날 아침에도 아주 쌩쌩했다. 게스트하우스 프런트 주변을 유심히 살펴보면서 셀카봉을 높이 들고 사진을 찍고는 방명록에 글을 남겼다.

안녕하세요. 저는 11살 전연선입니다. 작년에 사장님의 권유 덕분에 네팔 안나푸르나베이스캠프(ABC) 트레킹을 다녀왔어요. 정말 좋았어요. 감사합니다. 그리고 여기는 정말 사장님도 친절하시고 집 같은 곳이에요. 내년에 또 올게요.

-2018년 5월 7일 전연선
노고단게스트하우스 방명록

〈히말라야 트레킹까지 다녀온 작은 소녀 연선이는 산다람쥐 같다〉

숨어 있는 힐링 코스,
솔봉을 소개합니다

"숙소 주변에서 이렇게 아름다운 숲길을 걸을 수 있다니……."

도시에 사는 사람들, 특히 서울 손님들이 깜짝 놀라는 길이 있다. 바로 솔봉이다. 지효맘 님도 솔봉을 걷기 위해 다시 지리산을 찾아오면서 우리 단골이 되었다. 처음에는 지리산온천랜드에 왔다 우연히 솔봉을 걷게 되었는데 숙소 가까이서 바로 아름답고 호젓한 숲길을 산책할 수 있다는 데 놀랐다고 했다. 솔봉 산책로는 그야말로 천혜의 힐링 코스다. 지리산온천랜드 옆 상아파크호텔 길에서 시작해 소나무 숲길, 대나무 숲길, 천년샘(음양샘 - 도선국사)을 걸으면 약 1시간 30분 정도 걸린다.

솔봉길에는 산책길에 4개, 정상에 1개의 벤치가 설치되어 있다. 쉬어 갈 수 있는 적당한 지점에 설치된 이 벤치들은 김채홍부군수님 김수곤 산동면장님이 특별히 신경 써서 설치해 놓았다.

지효맘 님은 바래봉 철쭉축제에 맞춰 남원까지 기차로 와 지리산 서북능선 긴 구간을 걷는 산행 계획을 세웠다. 좋은 계획이다. 철쭉 시즌에는 정령치부터 팔랑치 바래봉 정상까지 철쭉으로 활짝 핀 아름다운 길이 펼쳐지기 때문이다. 바래봉 산행을 마치고 온천욕으로 깔끔하고 개운하게 마무리하면 이보다 더 좋은 산행이 없다. 그리고 이곳 특산인 지리산흑돼지와 산수유막걸리로 식사를 하면 더욱 완벽해진다. 다음 날 아침 노고단에 오르면 그 이상의 코스와 일정은 없다. 철쭉 시즌의 노고단과 반야봉은 또 다른 자태로 손님을 맞는다. 걸으며 아름다운 지리산의 경관과 마주하니 그저 감탄사만 연발할 뿐이다.

"노고단이 이렇게 아름다운 줄 몰랐어요. 멀리 갈 필요 없겠어요. 왕복 2시간 걷고 이렇게 아름다운 곳에 올 수 있다니 노고단 정말 대단해요!"

솔봉 산책에서 주의할 것이 있다. 멧돼지의 등장이다. 그래서 스틱을 챙겨 가야 한다. 스틱으로 땅이나 돌, 나무를 두드리며 가면 된다. 멧돼지들도 호젓한 길에서 낯선 사람을 만나는 것을 좋아하지 않기 때문에 신호를 주면 된다. 지효맘 팀도 한창 오르막길에서 멧돼지 가족들을 만났었다. 만복대 정상에 도전하는 길이었는데, 어쩔 수 없이 눈 쌓인 겨울산행을 실컷 해 본 것으로 만족해야 했다.

이후 지효맘 님은 가족들과 와서 지리산 만복대 일출에도 도전했다. 아주 이른 새벽에 출발해야 한다. 만복대 정상에서 지리산 연봉들 너머 떠오르는 일출은 말로 표현하기 힘든 장관이다. 겨울 산행에서는 만복대 정상까지 오르지 못했는데, 이번에는 고생한 보람을 지리산이 아름다운 풍광으로 화답해 주는 것 같았다고 한다.

솔봉 산책은 외국인 손님들에게도 엄청 인기가 많다. 12년째 한국에 살고 있는 친구 로저 셰퍼드 님과 함께 백두대간을 종주한 앤드류 더치 님도 종종 솔봉을 걷기 위해 온다. 서울의 대학에서 교환학생으로 재학 중인 한 유학생은 가물거리는 새벽안개에 낀 솔봉을 다녀오더니, 신비롭고 편안하다며 다시 꼭 오고 싶다고 했다. 솔봉 코스를 소개해준 내 어깨가 으쓱해졌다.

〈호젓하고 아름다운 솔봉 길이지만 가끔 멧돼지 가족이 나타난다〉

〈3주 동안 전국을 여행 중인 유학생은 안개 낀 솔봉을 유난히 좋아했다〉

세계의 아이언맨들이
구례에 모이는 날

해마다 구례에서 국제 철인 3종 대회인 '아이언맨 구례 코리아'가 열린다. 전 세계 국가에서 1천5백여 명이 넘는 선수들이 참가해 오고 있다. 선수들은 '아이언맨 월드 챔피언십' 참가권을 받기 위해 치열한 경쟁을 벌인다. 새벽부터 산동면에 있는 지리산호수에서 시작하는데 수영 3.8킬로미터, 사이클 180킬로미터, 마라톤 42.2킬로미터(총 3개 종목, 226킬로미터)를 17시간 이내에 완주해야 한다.

전야제부터 시상식이 있는 마지막 날까지 5일 동안 구례는 그야말로 철인들로 북적북적 장사진을 이룬다. 철인 3종 대회의 스타인 줄리 모스도 해마다 온다. 구례군 전체가 들썩이는 국제행사인지라 우리 노고단게스트하우스도 철인 손님들이 많이 묵었다. '철인'을 모신다는 생각과 '국제 대회'에 일조한다 것에 어깨가 무겁고 목에는 어쩐지 힘이 들어갔다. 미국, 호주, 뉴질랜드, 남아프리카공화국, 싱가포르, 일본, 중국, 태국, 인도, 인도네시아 등 게스트하우스에 이토록 다양한 국적의 사람들이 모인 것도 처음이었다. 함께 지내보니 싱가포르 선수들은 정말 깔끔했다.

과거 한국에서 미군으로 근무했던 리처드는 어머니가 한국인이라서 한국의 친척들을 만날 겸 철인 대회에 참가했다고 했다. 그는 진짜 철인인지 대회를 마친 다음 날 나와 함께 지리산 노고단 정상에 올랐다. 일본에서 온 나카무라 님은 70대 이후 장년부에서 우승했다. 올해 일흔이라는 나이가 믿기지 않았다. 나와 동갑인 가오리 수미 님은 지난해 중도포기를 했는데, 이번에는 무난히 완주했다. 동갑 친구의 완주가 너무 기뻤다. 우리 게스트하우스에도 경사가 생겼다. 게스트하우스에 머물던 호주 선수 몬트 시리(Mont Shri)가 여성 전체 3등을 해 하와이 월드 챔피언십 대회의 참가 자격을 획득했다.

시합을 마치고 돌아온 선수들에게 완주를 축하해 주고 기념사진을 찍으며 사인을 해달라고 하자 선수들이 더욱 기뻐했다. 한국과 구례에 대해 더 좋은 인상을 깊게 가져갔으면 하는 바람에 대회를 마친 후 노고단, 화엄사, 사성암 등 구례의 주요 관광지를 함께 돌아보며 안내했다.

나중에 줄리 모스와 찍은 기념사진을 정리하며 그녀에 대한 정보를 찾아보니 철인 3종 대회의 살아 있는 전설로 꼽히는 대단한 철인이었다. 구례군청의 김종길 님 글을 통해 알게 된 그녀의 이야기는 이렇다.

1982년 하와이에서 열린 월드 챔피언십 대회에 22세의 줄리 모스가 참가했다. 그때까지만 해도 철인대회는 그다지 인지도가 없었다. 그녀는 여유 있게 1위로 질주하다 결승점을 얼마 안 남겨두고 오버페이스로 탈수가 되어 버렸다. 비틀거리며 걷고 뛰기를 반복하다가 결승선 몇 미터 앞에서 완전히 주저앉아 버렸다고 한다. 그리곤 겨우겨우 기어서 결국 2위로 골인했다. 2위지만 1위와의 차이는 고작 29초였다. 이 대회의 중계를 보고 있던 이들은 그녀가 보여준 도전과 한계 극복이라는 철인 정신에 크게 감동받았다. 그녀의 영향으로 이후 철인 3종 대회의 인기는 폭발적으로 향상되었다고 한다. 김종길 님의 글은 이렇게 마무리하고 있다.

"현재 많은 분들이 철인선수 활동을 하시는 것 또한 분명 줄리 모스의 '포기하지 않았던 레이스'의 영향이 작용했다고 생각합니다."

〈철인 3종 대회의 영웅 줄리 모스 선수와 리처드 님과 함께〉

〈대회 시즌이 되면 세계 각국의 철인들이 게스트하우스에 모인다〉

구례 옥스팜 트레일워커에 온
우리들의 영웅들

옥스팜 트레일워커는 1981년 홍콩에서 처음 시작된 세계적인 도전형 기부 프로젝트다. 4인이 한 조가 되어 100킬로미터를 38시간 이내에 완주해야 한다. 참가자들의 기부 펀딩으로 모은 기금은 전 세계의 가난한 이웃들을 구호하는 데 쓰인다. '가난한 이들을 일으켜 세우고 가난의 사슬에 얽매이게 하는 불공정한 구조를 바꿔나가는 옥스팜 활동'에 사용된다고 한다. 옥스팜 트레일워커의 100킬로미터는 옥스팜 트레일워커에 도전하는 사람들에게는 육체적 정신적 한계를 뛰어넘는 도전의 거리지만, 물 부족 국가 사람들이 물을 얻기 위해 매일같이 반복해 걷는 생존의 거리라고 한다. 현재까지 영국, 뉴질랜드, 프랑스, 인도, 호주 등 전 세계 12개국에서 약 20만 명 이상이 참여한 국제적인 행사다. 우리나라에서도 2017년부터 구례군과 지리산 둘레길에서 옥스팜 트레일워커가 개최되고 있다. 총 118개 팀 472명이 참가하여 기부금 1억6000여만 원을 기부했었다.

구례 옥스팜 트레일워커 출발일, 나는 새벽 일찍부터 일어났다. 선수팀들이 우리 노고단게스트하우스 앞을 지나가기 때문에 덩달아 설렜기 때문이다. 선수들의 출발지와 도착지는 옥스팜 트레일워커를 후원해준 자연드림파크였다. 생활협동조합인 아이쿱생협이 500억 원을 투자해 조성한 자연드림파크는 구례에서 가장 큰 기업으로 국내 최초의 친환경 유기식품 클러스터이다. 친환경농산물의 생산-소비-유통과 외식, 체험 문화시설이 한데 모여 있어 연간 10만 명의 방문객이 찾아오는 구례의 명소이기도 하다. 그런데 출발일 아침 비와 바람이 세차게 몰아치는 것이 아닌가. 기온도 상당히 떨어졌다. '선량한 마음과 도전 정신으로 모인 선수들이 컨디션 조절을 잘해야 할 텐데. 건강하게 완주해야 할 텐데' 하는 걱정이 들었다. 참가하는 선수들도 고생하지만 보이지 않게 후선에서 지원하는 자원봉사자와 공무원들의 고생도 더 커질 것이 당연했다.

산동면사무소 직원들이 노고단대피소 옆 CP(체크포인트)에서 추위에 떨며 컵라면과 샌드위치, 커피, 차, 김밥 등을 지원했다. 구례군청 문승만 님은 노고단 정상에 도착한 선수들을 일일이 챙겨 감동을 주었다. 노고단에 올랐던 우리 게스트하우스 손님들도 그 모습을 보곤 감동했다.

걱정했던 비바람과 추위 덕분에 대회가 더욱 재미있었다. 선수들의 표정도 밝았고, 응원하며 지켜보는 친구와 가족들의 응원도 즐거웠다. 비바람을 작정하고 맞으면서 걸을 일이 없기 때문일까. 자연과 더욱 하나 되는 기분을 만끽할 수 있기 때문일까. 참가한 선수 본인은 물론 지켜보는 모든 사람들에게 기쁨을 주는 장면이 펼쳐졌다. 첫해 대회 때보다 매우 악조건에서 진행했는데, 결과적으로 훈훈한 이야기가 넘치는 좋은 대회가 되었다.

뉴질랜드인 이웃인 로저 셰퍼드 님은 구례 옥스팜 트레일워커의 홍보대사를 맡았다. 지난해 이어 올해도 친구인 앤드류 더치 님 등과 뉴질랜드 키위팀으로 함께 걸었다. 김미순 님은 지난해에 이어 또다시 인천에서부터 와서 참가했다. 김미순 님은 시각장애를 이겨내고 남편의 손을 꼭 잡고선 100킬로미터를 거뜬히 걸었다. 이 대회에서 그녀가 제일 행복한 선수인 것 같았다.

군 입대를 한 달 앞둔 스물한 살 청년 유재영 님은 혼자 참석해 한국인 부부와 프랑스 선수와 함께하는 혼성팀에 합류했다. 군대 가면 행군 지겹도록 할 텐데, 내가 왜 참가했냐고 묻자 이렇게 대답했다.

"나 자신을 좀 더 알고 싶어서요. 그리고 제 체력의 한계에도 도전해 보고 싶었어요."

청년은 외국인 친구들도 만나고 좋은 일을 할 수 있고, 자신에 대한 도전도 할 수 있어 입대 전 잊지 못할 값진 경험을 하고 있다면 좋아했다. 대답하는 스물한 살 청년에게서 군 생활도 제대 후 사회생활도 잘 할 것임이 또렷하게 보였다. 어엿한 성인으로 사회의 동량이 될 것임을 나는 확신했다. 나도 입대 전 이 청년과 같이 전국 1,300킬로미터를 도보여행한 적이 있다. 이 도보여행은 인생 전체를 통틀어 매우 소중한 경험 중 하나다.

'체력의 한계를 느끼며 나 자신과 나누는 끊임없는 대화. 몰랐던 내면의 나를 좀 더 느끼고 이해하게 되는 시간. 서로가 서로에게 배려하고 타인을 이해하고 함께 가는 팀워크.'

나는 100킬로미터에서 선수들이 느끼는 최고의 가치는 바로 이것일 거라고 생각했다.

〈궂은 날씨에도 노고단 정상에 도착한 유재영팀의 얼굴에선 고단함보다는 신남이 느껴진다〉

〈시각장애를 극복하고 지난해에 이어 거뜬하게 완주한
'멈추지 않은 도전팀'〉

〈지리산 반야봉을 배경으로 국기를 든 뉴질랜드 키위팀〉

〈게스트하우스 벽면 포스터에 참가자들이 잔뜩 인증 낙서를 했다〉

약속하고 오지 않는
손님들에게

 손님들이 오면 최선을 다해 모시고, 잘 즐기고 갈 수 있도록 많은 정보를 주려고 한다. 그래도 손님 입장에서는 부족하게 느끼는 점이 있을 수밖에 없다. 그리고 불만이 있더라도 얼굴을 보면 잘 이야기를 해주지 않는다. 그래서 인터넷 예약 사이트(네이버 예약, 부킹닷컴 등)에 들어가 후기를 본다. 개선할 점이 없을까? 손님들이 정말 잘 보내고 갔을까? 무엇을 준비해 두면 좋을까? 등등 방문 후기를 통해 게스트하우스&호텔의 서비스를 점검하기도 한다. 불만 후기는 기분은 안 좋지만 상당히 도움이 된다. 한편 우리나라는 물론이고 전 세계에서 왔던 고객들의 칭찬 후기는 큰 용기가 되어준다. 그리고 열심히 하면 된다는 확신을 갖게 해준다.

● 칭찬 후기
●
● • 지리산의 웅장한 파노라마 풍경을 감상할 수 있는 옥상이 있다.

• 등산·여행·현지 정보를 사장님께 친절하게 편하게 받을 수 있다.

• 게스트하우스 시설이 깨끗하고 잘 정비되어 있다.

• 게스트하우스에 버스시간표가 비치되어 있다.

• 지리산온천랜드가 인근이고, 버스터미널에서 다니기 편하다.

• 프런트와 로비의 내부 데코가 아늑하게 맞아준다.

• 도보 거리에 편의점이 1~2곳 있다.

● 불만 후기
●
● • 남원과 구례의 중간 위치인 만큼 터미널이나 기차역에서 픽업 서비스를 해주면 좋겠다.

• 아침식사는 커피와 토스트다.

• 내가 있는 동안 식당이 문을 열지 않았다.

고객들이 꼽는 노고단게스트하우스의 대표적인 장점을 다섯 가

여행은 사람이다

지로 정리하면 이렇다.

첫째, 착한 가격이다. 1인 2만 원부터 머물 수 있다는 점이다. 가성비 최고이고 착한 가격의 호스텔이라는 평이다.

둘째, 개운한 숙면을 할 수 있다는 점도 좋아한다. 깔끔하고 편안한 여행자 숙소이며 청정 지역의 맑은 공기로 숨 쉴 수 있다.

셋째, 내 몸에 주는 휴가를 즐길 수 있다. 등산이나 둘레길과 휴양림 산책 등 깨끗한 환경의 다양한 코스로 자신의 컨디션에 맞춰서 트레킹이나 산책할 수 있다는 점도 좋아했다.

넷째, 음식을 꼽았다. 사실 음식은 노고단게스트하우스의 자랑이다. 조미료를 사용하지 않으며 주재료는 '지리산표'를 사용한다. 지리산 특산 흑돼지바비큐와 지리산애호박찌개와 애호박전, 지리산 쌀로 지은 밥, 산수유 막걸리 등등 다양한 메뉴의 음식을 제공하고 있다. 혼자 여행 오신 분을 위하여 모든 메뉴가 1인분도 가능하다.

다섯째, 스토리가 있는 곳이라는 점을 꼽았다. 현지에서 생생하고 정확한 여행 맞춤정보를 얻고 온천과 걷기 등으로 건강과 힐링을 챙기면서 추억을 만들 수 있다는 사실이다.

이외에 깨끗한 온천수로 샤워를 할 수 있다는 점, 북카페와 하늘정원도 고객들이 꼽는 장점에 항상 들어간다.

여러 노력으로 노고단게스트하우스&호텔은 한국관광공사 품질인증 업체로 선정되었다. 구례에선 유일하다. 은행권에서 고객만족도 서비스 조사 중 늘 선두를 유지하고 있는 신한은행에서 24년 동안 근무하면서 배웠던 고객 서비스를 지금 이곳 지리산에서 더욱 적극적으로 적용하고 있다.

모든 방문객들이 좋은 여행이 되도록, 추억에 남을 여행이 되도록 최선을 다해 준비하고 대접한다. 그런데 고객에게 실망감이 들 때가 있다. 바로 '노쇼' 고객이다. 전화 예약을 해놓고는 아무런 연락이 없이 안 오는 사람들, 전화해서 물어보면 너무 가볍게 취소해 버리는 사람들을 만날 때면 아찔하기까지 하다. 도착 시간이 지났기에 전화를 걸면 적반하장 큰소리 치는 고객들도 있다. '내가 사정이 있어 못 가는 데 왜 전화를 하냐'면서 말이다. 그런 사람들에게 이렇게 묻고 말해주고 싶다.

"노쇼를 하곤 여행이 즐거우신가요? 저희는 큰 실망을 했고, 경제적으로 손해를 입었어요. 당신의 행위 때문에 다른 고객이 손해를 입게 됩니다."

입장을 바꿔서 예약 후 우리 숙소에 왔는데 '더 비싸게 내줄 수 있어서 다른 손님에게 방을 주었어요'라고 한다면 기분이 어떻겠는가. 노쇼를 경험할 때마다 참으로 개탄스럽다. 숙박업이나 음식점 등 서비스업에 종사하는 사람들에게 노쇼는 치명적인 좌절감을 주는 나쁜 행위다. 노쇼의 불쾌한 경험이 쌓이면서 노고단게스트하우스에선 당일 전화로 예약할 때는 무조건 선결재를 요청하게 되었다. 당일 예약 선결재제도가 생긴 이유에 대해 설명해 드려도 "이따가 가서 하면 될 터인데 돈부터 내라고 하느냐. 그렇게 못 믿느냐?"고 항의하는 고객도 계시지만 어쩔 수 없다. 약속을 가볍게 생각하고 불이행하는 사람들 때문에 조금 불편한 선의의 피해자가 생기게 된 셈이다. 사람 사이의 약속이 잘 지켜지고 서로가 신뢰를 지키기 위해 노력하는 사회가 되기를 간절히 바란다.

KOREA QUALITY

한국관광품질인증제 인증서
CERTIFICATE OF ENDORSEMENT

인 증 번 호 : **18-A-JN-0062**
사 업 장 명 : **노고단 게스트하우스&호텔**
인증업종명 : **숙박업(일반)**
등 급 : **스탠더드**
대 표 자 : **정 영 혁**
소 재 지 : **전라남도 구례군 산동면 하관1길 40**
유 효 기 간 : **2018. 2. 27 ~ 2020. 2. 26**

상기 업소는 한국관광 품질인증 심사 규정에 따른
품질인증 업소임을 인증합니다.

We hereby certify that the aforesaid business is an accommodation,
as designated under the Korea Tourism Quality Certification System
operated by the Korea Tourism Organization.

2018년 2월 27일

한 국 관 광 공 사 사
PRESIDENT OF THE KOREA TOURISM ORGANIZATION

〈노고단게스트하우스&호텔은 한국관광공사 품질인증 업체로 선정되었다〉

PART 2

우리는 지리산자락에서
함께 삽니다

- 나의 지리산 이웃들 이야기

전설의 대간꾼 남난희 님,
지리산에 '입산'하다

〈하얀 언덕에 서면〉

한창 산에 빠져 돌아다니던 시절 1990년도에 이 책을 만났다. 서점에서 보자마자 그 자리에 서서 한 권을 쭉 읽어 내려갔다. 이 책은 27세의 여성 남난희 님이 1984년 1월부터 3월까지 76일 동안 부산의 금정산에서 강원도의 진부령까지의 백두대간을 단독으로 종주한 체험기를 담고 있다. 그녀의 이 종주는 남녀 통틀어 백두대간 첫 단독 종주 기록이었다. 책 부제는 '태백산맥 2천 리 단독 종주기'다. 백두대간은 백두산에서 지리산 천왕봉까지 이어지는 산줄기를 말한다. 총 1,625킬로미터이고 남한 구간만 700킬로미터에 이르는 큰

줄기이다. 조선시대 〈산경표〉와 〈대동여지도〉 등에는 백두대간이라 표시되어 있으며 태백산맥과 소백산맥이라는 말은 일제강점기에 일본 학자에 의해 만들어진 것이다. 30여 년 전부터는 이 말을 꺼려하고 예부터 사용했던 백두대간으로 부르는 것을 권장한다.

나는 이 책을 붙들고 홀린 듯이 멈추지 못하고 읽었다. 그녀는 미끄러지고 구르며, 마른 나뭇가지를 헤치며 무거운 짐을 메고 눈 쌓인 능선을 오르고 내렸다. 자연과 싸우고 자신의 내면과 싸운 기록이 오히려 담담하게 담겨 있었다.

'한겨울, 76일 동안, 젊은 여자 혼자서, 백두대간을, 단독으로, 종주하다니!'

책을 읽는 내내 놀라움과 경이를 느꼈다. 온몸에 전율이 왔다. '남난희'라는 이름은 나의 뇌리에 선명하게 각인되었다. 이런 감동은 나뿐만이 아니었다. 산을 좋아하는 사람들 중 〈하얀 언덕에 서면〉을 닳도록 읽었다는 사람들을 많이 본다. 이 책을 보고 등산을 시작했다는 사람들, 이 책 때문에 종주를 꿈꿨다는 사람들을 심심치 않게 만난다.

백두대간 종주가 얼마나 어렵고, 위험하며, 대단한 일인지는 그녀가 당시 소지하고 다녔던 한국일보사의 추천서에서도 알 수 있다.

"위 사람은 한국일보사와 국토순례회가 공동 주최하는 여성 단독 동계 태백산맥 종주 동반대원임. 국토의 맥과 얼을 찾아 태백 주능 2천 리에 도전한 위 사람에 관계기관과 국민 여러분의 성원과 지원 있기를 기대합니다."

남난희 님은 의심을 받을 때마다 이 추천서를 꺼내 신원을 확인받았다고 했다.

이후 그녀는 강가푸르나(7,455미터)를 여성으로는 세계 최초로 등정했고, 설악산 토왕성폭포를 두 차례나 등반하며 자타공인 우리나라 '전설의 1세대 여성 산악인'으로 꼽힌다. 그녀가 지리산자락 화개에 살고 있다는 것을 들었다. 그래서 내가 지리산에 내려오면서 가장 만나고 싶은 사람 중 한 사람이었다.

드디어 지리산에서 그녀를 만났다. 처음 만남이었음에도 친누이처럼 반가웠다. 함께 섬진강을 걸으며 지리산뿐만 아니라 섬진강까지 받은 구례는 복 받은 땅이라고 말했다. 그러면서 구례는 '자연으로 가는 길' 슬로건이 잘 어울리는 곳이라고 했다. 예전부터 설악산은 등산의 산, 지리산은 입산의 산이라며 지리산은 설악산과는 달리 자신에게 있어 '삶의 산'이라고 했다. 그녀에게 내가 책을 쓰려한다니 격려와 용기를 주었다. 그녀는 〈하얀 능선에 서면〉 외에도 〈낮은 산이 낫다〉와 〈사랑해서 함께한 백두대간〉 등을 쓰기도 했다. 〈사랑해서 함께한 백두대간〉은 중년이 된 그녀가 사춘기인 아들과 함께 57일간의 백두대간을 종주한 이야기를 담고 있다. 그녀의 책

은 모두에게 권하고 싶은 책이지만 특히 산을 좋아하는 사람들에게
는 꼭 읽어보길 권한다. 다음은 내가 참 좋아하는 〈낮은 산이 낫다〉
표지에 실린 글이다.

● 칠십육 일 동안 내내
●
● 한겨울 백두대간을 혼자 걸었다.

그때가 스물일곱

세상은 놀랐고 나는 울었다.

여자 나이 스물아홉에 세계 최초로

히말라야 강가푸르나 봉에 올랐다.

세상은 놀랐고 나는 외로웠다.

삼십대 한가운데에서

욕망의 산을 내려왔다.

지리산에서 차 향기를 나누고

조양강에서 자연학교를 꾸렸다.

이제 화개골에서

찻잎을 따고 된장을 쑤니

낮은 곳의 편안함이 너무 고맙다.

— 남난희, 〈낮은 산이 낫다〉 중에서

여행은 사람이다

〈노고단게스트하우스를 방문한 남난희 님과 함께〉

도시의 삶을 버리고 지리산을 얻은,
이창수 사진작가

지리산 사진작가 이창수 님의 히말라야 14좌 베이스캠프 사진전 〈영원한 찰나〉가 예술의 전당에서 열렸다. 히말라야와 지리산을 한 번에 만나는 소중한 자리이기에 만사 제쳐놓고 달려갔다. '히말라야 베이스캠프 14좌에 오르는 것'이 나의 버킷리스트 1호다. 이창수 사진작가가 2년에 걸쳐 담아온 히말라야의 풍경은 나를 완전히 몰입하게 만들었다. 장엄한 위용의 봉우리들과 능선, 눈 덮인 설산이 만들어 내는 절경, 현지인들의 꾸밈없는 모습을 그의 사진에서 다시 만날 수 있었다. 이창수 사진작가의 사진뿐만 아니라 AP통신사가 가지고 있던 히말라야의 역사적인 사진들도 함께 전시하고 있어 멀리까지 시간을 내어 달려간 보람이 더욱 컸다.

　사진전을 둘러보며 가슴이 쿵쾅이기 시작했다. 히말라야에 갔던 기억이 다시 떠올라 더 그립고 다시 가고 싶은 마음에 조급한 갈증이 느껴졌다. 산을 좋아하는 이들이라면 누구나 한번쯤은 히말라야 14좌에 도전하고 싶을 것이다. '아, 나는 언제나 다시 갈 수 있으려나…….'

　이창수 사진작가가 지리산자락에 자리를 잡은 것은 그의 나이 마흔에서였다고 한다. 그의 책 〈지리산에 사는 즐거움〉엔 사진기자였던 그가 어쩌다 하동 악양골에 내려와 녹차 농사를 짓게 되었는지에 대한 이야기가 담담하면서도 흥미롭게 담겨 있다. 그는 원래 강원도에 귀촌하려고 땅까지 샀었다고 한다. 〈월간 중앙〉 사진기자 시절 화개면 일대 사람 관련 취재를 하면서 하동 차를 알게 되었고 차 농사를 지어야겠다는 생각에 강원도로의 귀촌을 포기하고 경상남도 하동군 악양면 노점마을에 정착했다고 한다.

　하동군 악양면과 화개면은 독특하면서도 아름다운 지리적 특성을 가지고 있다. 지리산 줄기인 삼신봉, 형제봉, 구제봉을 배경으로 섬진강이 유유히 흐르고 있고, 강변 백사장이 넓게 펼쳐져 있다. 강을 끼고 있는 평사리 들판은 넉넉하고 기름지다. 차로 몇 십 분만 달리면 갈 수 있는 청정한 남해까지. 그가 하동에 정착하기로 마음먹은 이유가 충분히 짐작되었다. 아름다운 풍광과 풍요로운 환경은 예술인들의 감성을 깨우기 좋은 모양인지, 지리산자락인 악양면과 화개면에선 작가와 시인, 사진가와 화가들을 적지 않게 만날 수 있다.

많은 사람들이 서울에 살고 싶어 하지만 또 서울에서의 삶을 힘들어한다. 그래서인지 많은 이들이 귀향을 하기도 하고, 자신의 호흡에 맞는 지역으로 귀촌을 하는 것이 아닐까 싶다. 그도 그랬던 것 같다. 고단한 서울의 삶이 싫기도 했던 참에 직장을 그만두고 마흔 살 때 하동에 왔다고 했다.

"그때 제 화두가 사는 게 아니라 죽는 게 문제였는데, 그래서 흙을 알아야겠다 싶었고, 차를 떠올리게 됐습니다."

처음에는 매실과 감 등의 과수 농사를 하면서 차 농사도 같이 했는데, 지금은 차 농사만 짓고 있단다. 물론 차도 직접 만드는 데 만든 차를 지인들에게 판매하고 있지만 70퍼센트는 자신이 먹는다고 한다. 그에게는 차를 마시는 게 가장 중요한 일과 중 하나이다. 하동에 정착하면서 그의 삶에서 중요한 일들을 많이 했었다. 지역에 살면서 뭔가 이타적인 활동을 해야겠다는 생각에 2009년에는 이원규 시인, 박남준 시인과 함께 지리산학교를 설립했다. 문화예술을 통해 지역민이 소통할 수 있는 공간을 만들려는 것이 목적이다.

여행은 사람이다

나는 지리산에 왔다.

이미 내 인생의 절반을 넘긴 도시.

서울살이의 미련을 접고

나는 지리산으로 왔다.

혼돈과 혼탁의 뒤범벅.

무한질주의 도시를 뒤로하고 산에 왔다.

그렇다고 이 산에 무슨 큰 답이 있는지는 모르겠다.

그래서 부딪혀 보는 것이고

그러므로 이 산은 내게 살아갈 명분이 있는 곳이다.

사는 것도 죽는 것도 버리자.

버려서 얻을 것이 있다면 그때 그것을 얻자.

그것이 무언지 몰라도

—이창수, 〈지리산에 사는 즐거움〉 '버려서 얻는 것' 중에서

〈'영원한 찰나' 전시회에서 이창수 사진작가를 만났다〉

Travel is people

· 03 ·

산악인들의 슈퍼스타
박정헌 대장을 만나다

내가 지리산에 오면서 꼭 만나고 싶었던 또 한 사람은 등반가 박정헌 대장이다. "히말라야는 나의 종교입니다."라고 말하는 히말라야 전도사이기도 하다. 하루는 그를 만나기 위해 작정을 하고 진주 시내에 있는 히말라얀 아트 갤러리(HAG)에 찾아갔다. 히말라얀 아트 갤러리는 박정헌 대장이 운영하는 곳이다. 갤러리에 들어서자마자 히말라야가 눈앞에 펼쳐졌다. 히말라야를 중심으로 한 네팔의 조각품과 가구, 사진, 특유의 생활용품과 히말라야 사진이 전시되어 있었다. 그를 만나겠다는 생각을 한동안 잊은 채 전시품을 둘러보았다. 개인의 순수한 애정과 열정이 느껴졌고 히말라야의 품에 들어온 듯한 기분에 경건한 마음이 들었다. 지금은 진주시 종합 경기장 내에서 〈예티 클라이밍 짐〉이라는 실내 암벽등반장과 카페, 갤러리를 운영 중이다.

내가 그토록 만나고 싶었던 박정헌 대장은 우리나라 거벽 등반 분야에서 가장 눈에 띄는 성과를 거둔 인물이다. 히말라야의 난벽으로 꼽는 안나푸르나 남벽과 에베레스트 남서벽, K2 남남동릉, 시샤팡마의 남서벽 등 그가 세운 거벽 등반 기록은 한국 등반사의 굵직굵직한 기록이 되었다. 특히 그의 네팔 히말라야의 촐라체 북벽 등반은 산악인들 뿐만 아니라 일반인들 사이에서도 크게 화제가 되며 큰 울림을 주었다. 2005년 1월 박정헌 대장은 후배 최강식과 히말라야 최고봉 에베레스트 남서쪽에 위치한 촐라체 북벽 등반에 성공했다. 그러나 최강식이 크레바스로 추락하고 만다. 로프에 함께 묶여 있던 박정헌이 로프를 끊지 않고 손가락을 잃으면서 끝내 최강식을 구해내서 생환한다. 이 이야기는 〈끈〉이라는 그의 책을 통해서도 소개되었다. 나는 그 이야기를 읽으며 인간이 얼마나 강할 수 있는가에 대한 고민과 상념에 빠졌었다. 어떠한 답은 못 찾았지만 확실한 건 박정헌 대장은 상상할 수 없을 정도로 강했다는 사실이다.

박정헌과 최강식이 촐라체에서 벌인 사투는 박범신의 소설 〈촐라체〉의 모티브가 되었다. 〈촐라체〉에서 만나는 박정헌과 최강식

콤비는 히말라야 원정을 떠나는 알피니스트에게 큰 용기를 준다. 나 역시 소설을 보면서 내내 촐라체가 너무 그리웠다. 나는 이 책을 감히 산악 명저로 꼽는다. 촐라체를 가깝게 느껴 보고 싶었고 히말라야 트레킹을 촐라패스로 갔다. 〈촐라체〉의 배경 때문인지 나는 이 소설을 통해 소설가 박범신을 다시 만났다. 과거에 내가 접했던 그의 〈물의 나라〉〈불의 나라〉〈풀잎처럼 눕다〉 등은 별로 관심 없는 분야의 이야기였다. 아무래도 산을 좋아하다 보니 라인홀트 매스너, 우에무라 나오미, 박영석, 엄홍길 등이 작가인 책을 좋아한다. 나에게는 '산악 관련'이 하나의 분야이다. 산악 관련 행사 등에 자주 참석하는 박범신은 이제 작가이면서 산악인이기도 하다고 생각한다. 그래서 어떠한 유대감이 느껴졌다. 한동안 그의 책을 발간 연도를 거슬러 올라가며 읽었다. 특히 박범신의 〈비우니 향기롭다〉는 내가 가장 좋아하는 책 중 하나가 되었다. 히말라야 트레킹을 갈 때마다 꼭 챙겨 가는 책이고 히말라야 트레킹을 계획하는 이들에게 필독서라고 할 만한 책이다. 곱씹어 볼수록 더 향기가 나는 맛이 우러나는 소중한 보물이다.

박정헌 대장은 촐라체에서의 9일간 사투로 손가락 8개를 절단하게 되었다. 사실상 알피니스트의 생명을 잃었다. 그럼에도 박정헌 대장은 후회하지 않았다.

"히말라야는 내게서 여덟 손가락을 가져간 대신 진정한 자유를 주었다.”

　이젠 거벽을 오를 수는 없지만 박정헌 대장은 2012년 세계 최초로 패러글라이딩을 타고 히말라야를 완주했다. 이는 KBS 특집 다큐멘터리 〈이카로스의 꿈〉을 통해 많이 알려졌다. 도대체 어디서 그런 열정과 의지와 도전정신이 나오는지 신기하기까지 하다. 산악인들 사이에서 슈퍼스타, 영웅인 것이 당연하지 않은가. 박정헌 대장을 만나면 영원한 도전, 뜨거운 열정이 강하게 느껴진다. 새로운 것에 두려움이 없는 그는 지금도 익사이팅 드림스포츠에 도전하는 삶을 영위하고 있다.

〈히말라얀 아트 갤러리에서 박정헌 대장과 함께〉

〈국립공원 제1호 지리산. 50주년을 맞아(2017년) MBC 그레이트지리산 20부작 특집 방영.
내가 노고단과 만복대를 가이드했다. 박정헌 대장과 함께〉

뉴질랜드에서 온 구례의 새 이웃, 로저 셰퍼드 님

전남 구례군 산동면 원좌마을에 귀한 분이 전입신고를 완료했다. 분단으로 끊긴 남북한의 백두대간을 모두 다녀온 뉴질랜드 총각 로저 셰퍼드 님이 그 주인공이다. 남북한 백두대간을 모두 다녀온 것은 그가 세계 유일이다. 얼마나 귀한 구례의 새 군민인가. 그는 우리나라 백두대간에 반해 백두대간을 세계에 더 널리 알리기 위해 결단을 내렸다고 했다.

친구 앤드류 더치 님을 만나기 위해 한국을 방문했다 우연한 기회에 지리산 등반을 하게 된 것이 백두대간 사랑의 시작이었다고 한다. 한국에 12년 이상 살고 있는 셰퍼드 님 역시 산과 트레킹에 대한 사랑이 대단한 인물이다. 앤드류 님은 무려 155일 동안 뉴질랜드 북남 3,068킬로미터를 종주했다. 그 종주기를 〈월간 Mountain〉(2014년 5월호) 특집으로 연재하기도 했다.

로저 셰퍼드 님은 2006년부터 남북한 백두대간을 탐사하여 사진으로 기록하고 있다. 로저 셰퍼드 님은 2007년 친구 앤드류 더치 님과 남한 백두대간 700여 킬로미터의 종주를 마쳤다. 2012년에는 평양 소재 북한-뉴질랜드 친선협회의 협조로 방북 허가를 받아 백두대간의 북측 구간에 대한 촬영을 진행했다.

그는 내게 앤드류 더치 님과 함께 펴낸 영문 사진집 〈백두대간 트레일(Baekdu-daegan Trail : Hiking Korea's Mountain Spine)〉을 보여주었다. 책의 앞장에는 "이 책을 한국인과 한국의 산에 바칩니다. 그들이 다시 하나가 되기를 기원합니다"라고 쓰여 있었다. 그의 백두대간에 대한 진심이 느껴졌다. 북한 쪽 백두대간 사진을 보니 풍경은 다를 것이 없이 아름답지만 어딘지 조금 낯선 느낌이 들기도 했다. 과장 없이 담담하게 담긴 풍경과 장면들이 가득 담겨 있었다. 아쉽게도 절판이 되었는데 요청하는 독자들이 많아 개정해서 최근 다시 발간하였다. 별 다를 게 없는 아름다운 풍경일 뿐인데도 보고 또 보게 되는 그의 사진집을 나는 우리 게스트하우스에서 판매하기로 했다.

지난 시간 동안 셰퍼드 님은 북한을 15회 방문하고 북한의 주요

산 60여 개를 등정했다. 그리고 사진 산문집을 펴냈다. 〈북한의 백두대간 산과 마을과 사람들〉이 처음 나오자마자 그는 노고단게스트하우스에 와서 내게 서명한 책을 주었다. 이 책에서 그는 그동안 수집한 자료와 촬영한 사진뿐만 아니라 그의 한국 통일에 대한 깊은 관심도 느낄 수 있었다. 광복 70주년 기념으로 남북한 백두대간 사진전을 열기도 했다. 그는 사진집을 준비하고 사진전을 기획하면서 이런 말을 했다.

"저는 한국 사람들이 얼마나 북한 사람과 산에 대한 이야기를 듣고 싶어 하고 궁금해하는지 깨달았습니다. 기뻤습니다. 한편으로는 남북의 사람들이 서로에 대해 얼마나 모르고 있는지도 알았기 때문에 슬프기도 합니다. 앞으로도 한국의 산을 계속 탐험하면서 책과 사진으로 한국 사람들과 저의 경험을 공유하고 싶습니다."

그의 말대로 우리는 북한에 대해 궁금해한다. 그가 〈남북한 백두대간 사진전〉을 기획하면서는 5백만 원을 목표 금액으로 후원금 모금을 시작했는데 목표 대비 무려 1,332퍼센트를 넘었을 정도였다. 그의 말로는 이때의 경험이 자신을 여러 가지로 변하게 했다고 했다.

"뜨거운 관심에 감사했고, 무엇으로 이 은혜를 갚을 수 있을지 걱정했어요. 내가 할 수 있는 것은 그저 기뻐하면서 최선을 다하는 것뿐이었어요. 한국 사람들의 성원이 나를 훨씬 더 한국 산하의 일부가 된 느낌을 주었고 지리산에 영원히 머물며 이곳을 제 삶의 터전으로 삼겠다고 마음먹었어요. 그러면 통일이 된 한국의 평화로운 어느 날을 한국 사람들과 함께 누리게 될지도 모르니까요."

로저 셰퍼드 님은 외국 방문객을 위한 한국투어 가이드와 집필, 사진 전시, 강의뿐만 아니라 북한 미사일 위기 관련 민간 활동까지 하며 구례군에서 매우 바쁜 나날을 보내고 있다.

〈셰퍼드 님은 백두대간 사진책에 서명을 해서 나에게 선물로 주었다〉

오토바이 타는 시인 이원규 님과
지리산행복학교

노고단게스트하우스의 첫 단체손님은 이원규 시인이 애정을 갖고 운영하는 지리산행복학교였다. 내가 어렵게 부탁의 말을 꺼내는데 "그렇게 해야죠!"라며 아주 간명하게 승낙을 했다. 〈행여 지리산에 오시려거든〉으로 유명한 '지리산 시인' 이원규 시인은 1997년도에 중앙일보 기자를 그만두고 서울을 떠나 무작정 지리산 인근으로 왔다고 했다. 구례, 함양, 남원으로 옮겨 살면서 지리산 근방에서 살았다 한다. 그의 시가 유명해져 지리산 곳곳에 시비가 세워졌지만 허락도 없이 무단 사용인데 그냥 내버려 두었다며 사람 좋게 웃는다.

밖에서는 지리산 시인으로 유명하지만 지리산에서는 '오토바이 타는 시인'으로 유명하다. 시를 쓰기보다는 오토바이를 타고 지리산에 자생하는 야생화를 사진에 담는 작업을 하고 있기 때문이다. 오토바이를 타고 다니며 그동안 찍은 야생화 사진으로 사진전 〈몽유운무화〉을 열기도 했다. 누린내풀, 피안화, 물봉선, 청노루귀 등 야생화는 시인의 눈으로 보면 어떻게 보일까. 몽환적인 사진 한 장을 건지기 위해 한 송이 꽃 앞에서 일주일 동안 야영을 하거나 비오는 날씨에 쪼그려 앉아 9시간을 기다리며 찍었다고 한다. 비포장 산길을 오르다 구르기도 하고, 벼랑에서 미끄러져 갈비뼈에 금이 가기도 하는 등 작품 한 점 한 점에 우여곡절이 많이 담겨 있다.

지리산행복학교의 춘계 정기행사를 이곳에서 열게 되니 너무나 감개무량했다. 다른 일반 손님은 안 받고, 오직 한 팀과 함께하는 시간이라는 점도 기대가 되었다. 체육대회와 바비큐파티, 하늘정원에서 펼쳐지는 시낭송, 음악회, 마술쇼가 이어졌다. 알차고 신명나는 일정이 짜임새 있게 진행되니 거드는 나도 신이 났다. 잘 노는 것을 보는 것에서도 큰 즐거움을 얻을 수 있다. 음악회가 열리자 지리산에 재주꾼들과 명가수들이 모두 모인 듯했다. 지리산 가수 고명숙 님의 무대가 이어졌다. 가수 고명숙 님은 매월 보름이면 지리산 자락 자신의 집에서 '달빛음악회'를 연다고 했다. 생각만 해도 낭만적이지 않은가.

섬진강 시인으로 유명한 김인호 님 팀은 밤을 지새우면서 늦게까지 자리하며 놀았는데, 다음 날 새벽에 노고단 산행을 다녀왔다. 그 모습을 보곤 그들의 체력과 신명에 놀라지 않을 수 없었다.

지리산 마니아들이 제일 좋아하는 이원규 시인의 〈행여 지리산에 오시려거든〉은 지리산에서 가장 아름다운 10경을 그대로 감상할 수 있는 불후의 명시이다. 언제나 음미해도 참으로 멋지다. 이 시는 안치환의 곡으로 더욱 유명하며 실재 지리산마니아들이 핸드폰 컬러링 등으로 애용한다. 나는 이 시와 더불어 이원규 시집 〈강물도 목이 마르다〉에 실린 〈족필足筆〉을 좋아한다.

● 족필足筆
●
● – 시인 이원규

노숙자 아니고선 함부로
저 풀꽃을 넘볼 수 없으리

바람 불면
투명한 바람의 이불을 덮고
꽃이 피면 파르르
꽃잎 위에 무정처의

숙박계를 쓰는
세상 도처의
저 꽃들은
슬픈 나의 여인숙

걸어서
만 리 길을 가 본 자만이
겨우 알 수 있으리
발바닥이 곧 날개이자

한 자루 필생의 붓이었다는 것을

〈이원규 시인과 지리산 가수 고명숙 님과 함께 섬진강에서〉

마을의 숨결을 바꾼 이강희 화백과
삼정사 지도스님

'그림 그리는 이장님' 이강희 화백

재미있고 기발한 벽화가 골목 벽담을 채우고 있는 삼성벽화마을. 이곳은 구례군 산동면 소재지에서 수락폭포 가는 길에 첫 마을이다. 벽화로 마을 골목길의 재미와 활기를 불어넣은 사람은 한국화 화가 이강희 화백이다. 이강희 화백이 도시 생활을 마치고 6년전 귀향해 고향의 오래된 낡은 벽담들에 그림을 그리기 시작했다. 그렇게 산수유마을의 삼성벽화마을이 탄생하게 되었다.

삼성벽화마을뿐만 아니라 구례 시내 곳곳에 그의 작품을 볼 수 있다. 산동면사무소 건물에는 구례 산동면의 사계절이 이강희 화백

〈이강희 화백님은 구례 군민이 된 셰퍼드 님에게 기념화를 그려줬다〉

작품으로 담겨 있다. 딱딱한 사무공간이었던 면사무소가 밝고 환한 공간으로, 하나의 작품으로 변신했다. 마을의 변화는 동네 사람들 뿐만 아니라 여행객들에게도 환영받고 있다. '그림 그리는 이장님' 으로 유명한 이강희 화백의 활동은 귀향 후 더 활발해진 것 같다. 산 동면의 봄 풍경을 주제로 한 〈내 고향 산동의 향기〉 초대전을 하고 구례의 10경 등을 주제로 개인전 〈아! 그래 구례〉도 열었다. 지난 여름에는 벽화 작업을 하느라고 개인전을 준비할 시간이 부족하다 고 하면서 무더위 속에서도 열심히 작품을 준비하고 계셨다.

내죽마을, 삼성마을, 남해 냇가집, 홍준경 시화 거리, 힐하우스 카페, 마을 형님 트럭, 천막 벽화까지 산수유마을을 돌아다니면서 이강희 화백의 작품을 발견하는 것도 여행의 재미를 더한다. 노고단게스트하우스 건물에도 이강희 화백의 손길이 퍼져 있다. 건물 로비 왼쪽에 노고단 정상 표지석부터 옥상 하늘정원을 장식하고 있는 아름다운 감성 글귀와 호랑이 그림 등이 그의 작품이다. 기와에 새겨진 글을 하나씩 읽다가 어느새 핸드폰을 꺼내 사진 찍기 바쁜 손님들을 보는 것은 흔한 일이다.

구례로 오신 삼정사 지도스님

구례에 살면서 자신의 지인을 불러 '눌러 앉히는' 경우를 왕왕 보게 된다. 내가 뉴질랜드에서 온 로저 셰퍼드 님을 구례 군민으로 앉혔듯이 말이다. 구례가 누군가에게 "여기 와서 살아"라며 자신만만하게 권해도 될 만한 곳이기 때문이다. 이강희 화백 역시 중매(?)를 제대로 섰다. 그는 남해 수광암에 계시던 지도知道스님이 구례의 삼정사로 옮기시는 데 큰 역할을 했다. 나도 지도스님께서 구례로 오시는 걸 열렬하게 환영했다. 내가 지도스님을 좋아해서만이 아니었다. 걷기를 좋아하는 분이시니 새로운 회향터로 삼기에 구례만 한 곳이 드물기 때문이었다. 지도스님은 그동안 남해바래길 전 구간과 제주올레길, 동해안 해파랑길을 수차례 완주하셨다. 히말라야 안나푸르나 트레킹과 산티아고 순례길도 다녀오셨다. 스님은 기독교 성지를 순례하는 산티아고 순례길 중 프랑스와 스페인을 지나는 까미노 프란세스(Camino Francés, 프랑스의 길)로 피레네산맥을 넘어 800킬로미터와 100킬로미터, 총 900킬로미터를 42일 동안 걸어 완주하셨다.

산책이든 산행이든 걸어보면 안다. 번잡했던 마음이 가라앉고 욕망과 고민의 실타래가 서서히 풀린다. 걸을수록 복잡했던 머리와 마음이 환기된다. 한참을 걷다보면 어느덧 고즈넉이 나 자신과 마주하게 된다. 차분하게 무언가를 마주하는 상태에 이르는 것이 명상이라면 걷기는 최고의 명상법이다. 지도스님께서 걷기를 좋아하시는 이유를 나의 경험에 빗대 주제넘게 짐작해 본다.

지도스님은 구례로 오시면서 SNS에 이런 말씀을 적었다.

"2018년 4월 12일 너무나 기이한 인연으로 품에 안긴 구례 산동면 이사길 천마산 삼정사. 천년을 숨어서 주인을 기다린 명당터. 부처님께서 법계에 그리시는 그림은 참으로 위대하십니다. 삼정사의 묘한 인연은 이렇게 시작됩니다."

좋은 여행은 좋은 여행자가 만들 듯, 좋은 인연은 좋은 사람이 만든다. 스님께선 분명 삼정사를 넘어 지리산자락을 좋은 인연으로 꽉꽉 채우실 거라고 생각한다.

〈지도스님과 함께 길을 걷던 남해 바래길팀이 삼정사에 방문했을 때 극락전 앞에서 스님과 함께〉

〈삼정사에 있는 노고단 운해 벽화는 이강희 화백의 작품이다. 마치 운해를 그대로 불러온 듯 생생하다〉

산과 강에 살며 노래하는
김종관 사진작가와 김인호 시인

지리산에는 '사람꽃'이 핀다는 나의 친구 김종관 님

아침에 노고단을 오르다 보면 가끔 하산하는 친구를 만난다. 그는 벌써 새벽 지리산을 촬영하고 내려오는 길이다. 지리산의 여명을 촬영하기 위해 지리산으로 출근하는 이는 바로 김종관 님이다. 지리산을 4천 번 이상 산행했을 것이라고 하니 산에 많이 다닌다고 자부하는 나의 산행과는 비교할 수 없는 경지다. 무엇인가 미치도록 좋아하고 앞뒤좌우 없이 몰입하는 경지를 그에게서 본다. 지리산을 많이 오르기도 했거니와 자신만의 행복한 삶을 추구하며 살아가는 모습이 딱 도인의 그것이라 그를 '지리산 도사'라고 부른다. 하지만 함께 술 한 잔 할 때 보면 인간미 넘치는 평범한 사람이고 지리산에서 만난 동갑내기 친구이다.

나이도 같고 지리산이라는 초특급 매체 덕분에 김종관 님과는 무조건 가까워질 수밖에 없었다. 그는 지리산 화개동천에서 7대째 농사를 짓고 있는 농부의 아들이자, 3대째 녹차 농사를 짓고 있으며 사진 에세이집을 낸 작가이기도 하다. 농사를 짓고 녹차를 만드는 틈틈이 찍은 사진과 써왔던 글들을 모아 묶어 〈지리산에는 사람꽃이 핀다〉 1권과 2권을 냈다. 그가 포착한 지리산의 아름다운 풍경을 보면 지리산에 대한 애정을 진하게 느낄 수 있다. 그래서 나는 이 책을 한적한 솔봉을 오를 때 들고 가 읽다 온다.

● 큰 준령 태산을 넘고 넘을 때 변함없이
●
● 내 곁에서 손잡아주던 사랑 이제는 알아요.
쓰러지고 포기하고 싶을 때 다시 한 번 날 보듬어주던 손길,
삶이 벅차고 넘어질 때 내 곁을 지켜주던 마음
가족의 힘이 얼마나 위대한 것인지 이제는 깨달았지요.
아픈 상처 세상에 맡기고 두렵고 힘든 마음 홀로 지고 가면 안되나요
가족을 생각하면 가슴이 찢어지고 흐르는 눈물조차 힘겨우며
목이 메워질 때 가족의 힘은 기적을 가져 온다지요.

안쓰러운 눈빛을 뒤로 숨기며 희생의 대상이 되고
용서와 사랑과 희망의 대상이 되는 가족만큼 소중한 게 있으랴,
세상을 피해 산속을 헤매며 물소리 새소리 풍경소리 울리는
정적의 골짝에서 속세를 털고 마음을 비우며
자연처럼 곧게 살아가리.

야생화 속에서 사람을 만나게 해준 섬진강 시인 김인호

산을 좋아하고, 사진을 좋아하고, 글쓰기를 좋아하는 사람이 될 수 있는 것은 무엇일까? 시인이자 야생화 사진작가인 김인호 시인을 보면 '바로 이런 사람이 되는구나' 하는 것을 알 수 있다. 재능을 타고 나고 그 재능으로 좋아하는 일을 하며 살고 있으니 말이다. 김인호 시인은 다음 카페 '섬진강 편지'를 운영하며 '섬진강 시인'으로도 유명하다. 시집 〈땅끝에서 온 편지〉와 〈섬진강 편지〉를 냈으며 백두산과 한라산 등 전국 각지를 찾아다니며 찍은 야생화 사진과 시 포토 포엠 〈꽃 앞에 무릎을 꿇다〉 모두 내가 좋아하는 그의 책이다.

김인호 시인은 야생화가 한낱 들꽃이 아니라 사람의 삶이 투사된 자연과 인생의 결정체라고 이야기한다. 그의 모든 시가 좋지만 내가 재미있어 해서 읽기 좋아하는 그의 시는 〈지리산 벗들〉이다.

● 지리산 벗들
●
● -시인 김인호

고채목

야광나무

마가목나무

분비목까치박달나무

호랑버들나무산딸나무

거제수나무신갈나무개서어나무자작나무

서어나무물개암나무회잎나무들메나무나도밤나무

떡버들나무대패밥나무물들메나무졸참나무노린재나무

뽕잎피나무호랑버들나무왕괴불나무참회나무당단풍나무

굴참나무쇠물푸레나무참빗살나무황벽나무짝자개나무층층나무

싸리나무들메나무층층나무물푸레나무화엄사올벗나무소나무때죽나무

저 산의 푸름을 그리워하는

그대도 세상을 떠받치는 푸른 나무입니다.

1
1
8   여행은 사람이다

〈이강희 화백, 김종관 사진작가, 이원규 시인, 주영하 지리산가족호텔 대표, 나는 '지리산 호랑이 5'다. 노고단게스트하우스 1층에 있는 레스토랑 & 펍 부엔까미노 지리산에서 모였다〉

〈김인호 시인과 함께〉

구례 제일 청년,
부채장인 맥을 잇는 김주용 대표

　구례의 부채공방 '죽호바람'의 김주용 대표는 부채장인 가업을 3
대째 이어가는 젊은 장인이다. 그는 대나무 채취에서부터 부채의
완성까지 모든 공정을 전통 방식으로 직접 하는 국내 유일의 부채
공방을 운영하고 있다. 우리나라에는 부채 제조와 관련하여 무형
문화재로 인정받은 장인들이 여러 명 있다. 그러나 부채 장인들 중
에서 직접 대나무밭을 가꾸며 대나무를 베고 깎아내고 다듬어 부채
제작을 하는 모든 과정을 직접 하는 곳은 죽호바람이 유일하다. 요
즘은 부채를 통으로 수입하거나 제작한다고 해도 중국이나 동남아
시아에서 재료를 수입한다.

죽호바람 김주용 대표가 현재 하고 있는 일은 아마 앞으로도 할 사람이 거의 없을 가능성이 크다. 대나무를 베고 자르고 삶고 부챗살을 깎는 일은 힘들고 위험한 일이다. 김주용 대표 역시 작업 중 손을 크게 다쳤다. 기술의 발전, 세상의 변화 속에서 오랜 전통 문화를 지켜 가는 것은 쉬운 일이 아니다. 전통을 지키겠다는 사명감이 없이는 불가능한 일이다. 김주용 대표는 공대에서 기계공학을 전공한 촉망받는 학생이었다. 편찮으신 아버지를 딱 1년 만 돕자고 시작했던 것인데 맥을 끊기게 할 수 없기에 본격적으로 이어받았다고 한다.

죽호바람의 부채는 공장에서 대량 생산되는 부채와는 그 정체와 가치가 다르다. 정신이며, 마음자세며, 기술이며 김주용 대표는 장인이고 그가 만드는 부채는 예술품이다. 그는 항상 겸손한 태도이지만 부채와 전통, 가업에 대해 이야기할 때 보면 눈빛과 어조에서 전통 부채의 명맥을 이어 가야 하는 뜨거운 의지를 느낄 수 있다. 구례 콩장에서도 김주용 대표의 부채들은 단연 인기다. 하나하나 예쁘기도 하여 무엇을 살지 망설이게 만든다. 한국관광공사에서 인증받았고 청와대에도 판매되는 제품이기에 더욱 신뢰도 높다.

〈죽호바람의 인기 부채인 '치마바람 부채'는 정말 예쁘다〉

늙을 새도 없는
인생을 사는 황안나 님

화엄사에서 노고단을 올라 천왕봉 등정 후 대원사로 하산.

지리산 화대 종주는 구례군 화엄사에서 출발해 노고단을 올라 천왕봉 등정 후 산청군 대원사로 하산하는(화엄사-대원사) 지리산에서 가장 긴 종주 코스이다. 우리나라 걷기전도사인 황안나 선생님이 일흔아홉에 이 화대 종주를, 반야봉까지 챙겨서 거뜬하게 완주했다. 누가 '일흔아홉 된 분이 화대 종주를 했다'고 하면 믿지 못했을 것이다. 믿기 힘든 엄청난 일이니까 말이다. 그런데 황안나 선생님이 하셨다고 하니 의심 없이 고개가 끄덕여졌다. 황 선생님은 지금까지 화대 종주를 무려 열 번이나 했다. 작년에는 군에서 막 제대한 손주 동건 군과 함께 화대 종주를 했다. 이때 구례의 유명한 한옥 카페 무우루 강영란 님과 같이 노고단대피소로 깜짝 응원을 갔었다.

"하루하루 사는 게 재미있어서 아플 새도 늙을 새도 없다."

이 명언을 하신 분다운 행보이다.

"선생님, 팔순 기념으로 지리산 화대 종주하실 거죠? 황안나 선생님 열혈팬인 제가 팔순 할매 지리산종주 추진단을 만들어도 될까요?"

내가 농담을 건넸다. 가능한 일이라 농담이 효과는 없었다. 여행 작가로도 활동하는 황안나 선생님의 책 〈내 나이가 어때서―65세 안나 할머니의 국토 종단기〉〈일단은 즐기고 보련다―75세 도보여행가의 유쾌한 삶의 방식〉 등은 화제를 일으키기도 했었다.

해마다 사단법인 '지리산 숲길'에서 지리산 둘레길 이음단 걷기 행사를 한다. 지리산 이음단 걷기는 50대~60대 여성들이 대상이었다. 지리산 둘레길 걷기는 총 285킬로미터로 3개 도 5개 시군, 120개 마을을 걷는다. 일정은 16박17일이다. 등산 수준의 난이도가 높은 길들도 꽤 많다. 이런 대대적인 걷기 행사에 황안나 선생님은 항상 초청된다. 2017년에 한 황안나 선생님이 지리산 둘레길 이음단 걷기 동행기 중 일부인데 흥미롭고 따뜻한 글이라 함께 보면 좋을 듯하여 여기에 옮겨 모셔왔다.

내가 동행했던 구간은 방광~산동(13.2키로미터) 산동~주천 (15.1킬로미터) 주천~운봉(15.1킬로미터)의 세 구간이었는데, 고개들을 끼고 있어 더운 날씨에 힘이 들었다.

흔히들 생각하기를 둘레길이니까 걷기 편할 거라는 생각을 하는데 등산 수준이 되는 길들이 많다. 구간은 긴 구간도 있고 짧은 구간도 있는데 나이든 주부들이라서 대개 하루 한 구간 정도를 걸었다. 힘은 들지만 큰 지리산을 끼고 도는 길이어서 경치 좋고 아름다운 숲길을 걸으니 '아! 너무 좋다!'는 탄성이 저절로 나왔다. 걷는 길마다 찔레꽃이 흐드러지게 피었고 이름 모를 산새들의 청아한 울음소리를 들으니 온갖 시름과 걱정을 다 잊게 했다. 걷는 길에 오디와 산딸기도 따먹고 아까시꽃(아까시아가 아니라 아까시가 맞다는데 왠지 서투르다)을 농약 걱정 없이 따먹었다.

환갑을 넘긴 주부들이 모든 일을 접어 두고 나와 자유를 만끽하며 즐거워하는 모습들을 보니 모두 한 사람 한 사람 등을 두드려주고 싶었다. 길을 걷는 중간 중간 주최 측에서 차량을 이용해 갖다 준 차디찬 수박과 시원한 매실 음료 맛은 최고였다. 특히 현지까지 차량으로 가져온 점심밥은 꿀맛이었다. 온갖 나물과 겉절이 김치는 지금도 군침이 돈다.

전국 각지에서 참가한 이들과 함께 걸으며 가장 궁금했던 건

'17일간의 출타를 가족, 특히 남편들에게 어떻게 허락을 받았을까?'이었다. 짬짬이 기회 있을 때마다 몇몇 분들한테 질문을 해 보니 예상대로 모두 쉽지 않았음을 알 수 있었다. 주부가 17일간 집을 비운다는 건 정말 쉽지 않은 일이다.

함께 사는 시어머니가 지리산 가서 17일간을 걷는다고 하면 도저히 이해를 못 하실 것 같아 미국여행 간다고 했다는 이도 있었고, 동창 친목회에서 간다고 하거나 전국에서 참가신청자가 많아 참가자 선정 비율이 높아 가기 힘든 곳인데 심사에 합격해서 가게 되었다는 등 에피소드가 많았다. 모두들 남편 허락받는 게 제일 어려웠다고 했다.

이들과 함께 걸으며 살펴보니 땀 흘리며 기진맥진해서 걸으면서도 모두들 너무 좋아했다. 어떤 주부는 자기가 이제 애벌레에서 기어 나와 자유롭게 훨훨 날아다니는 나비가 된 기분이라고 했다. 이들이 즐거워하고 기뻐한 것은 처음으로(?) 느껴 보는 자신의 자유인 듯싶었다. 이들과 끝까지 함께 하고 싶었지만 다른 일정들이 있어 3박4일만 마치고 아쉽게 귀가했다.

"자유는 용기 있는 자의 몫이다."

─황안나, 〈지리산 둘레길 이음단 걷기 동행기〉 중에서

여행은 사람이다

〈황안나 님의 표정은 언제나 청년 같다. 손자와 함께 한 화대 종주
때 노고단대피소로 응원을 갔을 때이다〉

〈우리 게스트하우스 앞을 지나가는 이음단원들, 반가운 마음이 들어서 사진을 찍었다〉

Travel is people
• 10 •

구례를 너무 사랑하는 사나이,
임세웅 문화이장

　내가 구례에 오기 전 임세웅 님의 블로그 '윤서아빠의 좌충우돌 구례 택시 이야기(blog.naver.com/sswlim)'를 즐겨봤다. 무언가 검색하다 우연히 들어가게 된 그의 블로그에서 구례에 대한 애정이 느껴져 즐겨 찾게 되었다. 구례 구석구석을 누비며 활약하는 그의 이야기를 보면 그가 낙천적인 사람이라는 것을 단번에 느낄 수 있다. 그의 직업은 택시기사이다. 하지만 전남 문화관광해설사와 문화이장, 숲길 체험지도사와 지리산 자연생태환경보존을 위한 자원활동가 등으로 더욱 열심히 활약하고 있다. 정말 구례를 뼛속 깊이 사랑하는 사람이다.

여행은 사람이다

IT 기업에서 15년 넘게 일하다 캐나다로 건너간 임세웅 님은 2011년 한국으로 다시 돌아왔다. 그는 캐나다로 건너가기 전에 마지막 국내여행으로 전주, 남원, 구례, 하동을 여행했었다. 화개장터로 가는 길 벚꽃을 보는 데 너무 아름다워 휴식을 취할 겸 차를 세웠는데 그때 풍경이 잊히지 않았다고 한다. 캐나다 생활을 정리하고 가족과 함께 인천국제공항에 도착하자마자 곧장 지리산자락으로 여행을 갔다.

캐나다에서 7년 동안 살았던 아이들이 한국 생활에 적응하려면 도시보다는 시골이 좋겠다고 생각했다. 그리고 섬진강변에서 2년만 살고 싶다는 마음에 구례 귀농·귀촌 네트워크를 통해 피아골 연곡사 아래에 있는 빈집을 만났다고 한다. 하지만 구례에서의 삶은 가장으로서 그에게 쉽지 않았다. 아무런 준비가 없이 낯선 곳에서 새로 시작하는 것이니 당연했다. 그는 주차관리와 막노동도 했다. 지리산 국립공원요금소에서 일하기도 했다. 농사에도 도전을 했지만 생각보다 어려웠다. 그래서 생계도 꾸리면서 지리도 익히려고 택시 운전을 시작하게 되었다고 한다.

여행 온 승객들이 구례에 대해 물어보는 데 대답을 신통치 않게 해준 것이 아쉬웠다고 한다. 그래서 더 잘 안내해주기 위해, 승객들이 더 깊고 진하게 경험하고 갈 수 있도록 해주기 위해 2013년 6월 문화관광해설사 교육을 받기 시작했다고 한다. 무안에 있는 전남도

립도서관까지 2시간 가까이 달려가야 했지만 그는 포기하지 않았다. 문화관광해설사로 활동하면서 지리산 둘레길 안내도 제대로 해 보고 싶어졌다. 그런 마음에 산림청이 주관한 숲길체험지도사 인증도 받았다. 이 과정에서 산악안전교육, 응급처치, 구례의 역사 등을 배웠다고 한다. 그리고 2017년 문화체육관광부가 진행한 지역문화사업 기획인력 양성과정 교육을 받고 '문화이장' 직함도 갖게 됐다. 문화이장은 주민들이 지역문화 자원을 발굴하고 직접 사업을 기획하도록 양성하는 사업이다.

임세웅 님은 '구래九來 올래all來' 프로젝트를 기획했다. 구례를 제대로 보려면 아홉 번을 찾아야 한다는 뜻을 담은 것이다. 교육을 받은 택시운전자들이 여행 안내를 하는 가칭 '구례여행특공대' 양성이 주된 내용이었다. 이 사업에 응시한 전라도, 충청, 강원 지역 50여 명 중 총 18개 사업이 선정됐고, 임세웅 님의 기획안이 1위를 차지했다.

또한 그는 관광지와 식당 정보만 들어 있는 관공서 가이드북의 한계를 탈피하고 싶어서 〈구례여행 가이드북〉을 특별 제작하기도 했다. 직접 살며 둘러본 경험을 토대로 구례의 사계절을 즐길 수 있도록 계절별 여행 코스로 구성했다. 봄에는 벚꽃과 산수유, 여름에는 실록, 가을에는 단풍 등을 즐길 수 있는 코스가 상세하게 안내되어 있다. 버스를 이용해 구례의 주요 관광지를 둘러볼 수 있도록 한 점도 눈에 띈다. 나아가 임세웅 님은 "구례 마을의 전설이나 풍습 등을 민박집들과 연결해 구례에 머물며 여행을 즐길 수 있는 이야기가 있는 관광지를 만들어보고 싶다"고 했다.

나와는 청소년을 대상으로 한 걷기 여행 '차향사류－천년의 차향 속으로 떠나는 구례여행'을 이백규 님, 황소영 님 등과 함께 진행했었다. 임세웅 님이 차향사류 걷기여행 인솔을 제안했을 때 구례 구석구석 걷기를 좋아하는 나는 흔쾌히 수락했다. 혹시라도 발생할 수 있는 비상상황에 대비하기 위해 구례소방서에서 응급처치 안전교육을 다시 복습했다. 많은 인원의 어린 학생들을 챙겨야 하니 신경 쓸 일도 많았고 사고가 나지 않게 신경을 바짝 곤두세워야 했다. 그러나 모두 기꺼이 즐거운 마음으로 함께했다. 자라나는 아이들을 대상으로 한 행사라서 더 보람 있고 값진 경험이었다.

〈구례 화엄사에서 만난 임세웅 님〉

〈임세웅 님과 함께 진행한 청소년 대상 걷기여행〉

귀농과 귀촌의 꿈을 이룬
고영문 대표와 서동민 농부

　귀농과 귀촌에 대한 관심이 계속 증가하고 있다. 장년층들 뿐만 아니라 젊은이들의 귀농 · 귀촌 희망도 많이 늘었다. 지방자치단체들도 지원정책 펼치며 이들을 유치하기 위해 노력하고 있을 정도이다. 나도 귀농 · 귀촌 강의를 하고 있기도 하다. 치열한 도시생활을 접고, 지리산자락 시골에 내려와 새로운 도전을 하는 것에는 찬성이다. 그러나 혹여 귀농과 귀촌이 도시의 경쟁에 밀려서 하는 선택이라면 절대 반대이다. 도시에서도 잘 견디고 충분히 헤쳐나갈 수 있는 실력과 용기를 갖춘 사람만이 시골 촌에서의 생활도 잘 견뎌갈 수 있다. 준비가 안 된 사람은 결국 오래 있지 못하고 바로 보따리 챙겨 올라간다. 목가적인 전원생활의 장밋빛 꿈은 현실에 치여 이내 걷히기 때문이다.

짐을 챙겨 내려오기 전 미리 충분히 준비하기를 권한다. 관심 지역 소식을 계속 접하고 틈틈이 방문하여 본 후, 몸도 마음도 꾸준히 준비를 해야 한다. 내가 좋아하는 일, 내가 잘하는 일 함께 교차하는 물리적인 공간인지 확인하면서 냉정하게 체크해야 한다. 경제적인 문제, 우선 안정된 수입원을 만들어야 보다 쉽게 적응할 수 있다. 그 다음은 살아가면서 하나씩 챙겨 나가면 된다. 처음부터 모두 충족된 상태라면 더할 나위 없이 좋은 일이지만 어디까지나 현실은 냉혹하다. 아니 오히려 가혹하다. 냉혹하고 가혹한 현실에서도 성공적으로 귀농한 지리산 이웃 두 분을 소개한다.

소셜미디어 농부, 지리산자연밥상 고영문 대표

매실, 엄나무, 쑥부쟁이 등 수십 종의 농산물을 재배하며 농가공식품을 생산하고 있는 지리산자연밥상의 고영문 대표는 '스마트폰도 농기구다'라고 말한다. 카카오스토리의 스토리채널 지리산자연밥상 구독자는 9만4천 명이 넘는다. 페이스북 친구는 5천여 명, 트위터 팔로워는 1만2천 명 정도, 인스타그램 팔로워는 2천3백 명이 넘는다. 그가 카카오스토리 등 SNS에 새로운 글이나 사진을 올리면

11만 명 넘는 사람들이 본다는 이야기다. 고영문 대표는 귀농 전 광고업계에서 일해 왔기 때문에 트렌드를 민감하게 좇아왔고 귀농 초부터 SNS에 관심을 쏟으며 SNS가 농업을 바꿀 것이라고 예상했다. 그래서 귀농 직후 하동과 구례에 사는 농업인들과 '지리산소셜골방'이라는 SNS 스터디그룹을 만들었다. 급기야 2011년에는 (사)스마트소셜연구회를 결성, 현재 SNS 농산물 마케팅 강사로도 활발히 활동 중이다.

그는 농산물 광고나 홍보가 아니라 도시민들의 향수를 자극할 만한 고향 풍경과 아름다운 자연, 농산물 재배과정을 꾸준히 보여주며 소통하는 것이 효과적이라고 알려준다. 실제 그의 카카오스토리를 보면 구례의 자연풍경이나 장터 같은 농촌의 소소한 일상 사진, 그와 어울리는 짧은 글이 더 많다. 자연스레 시골풍경에 빠져든 구독자들과 친밀감을 형성할 수 있었다. 또 농사짓는 과정도 수시로 올림으로써 신뢰감을 쌓고 있다.

구례농업기술센터(061-780-2091)는 귀농자 지원 및 정보제공에 적극적이다. 특히 야생화박사 정연권 소장은 퇴직 후에도 더 열정적으로 지원중이다.

고향으로 귀농한 40대 호박농부 서동민 님

우리 노고단게스트하우스 1층에 있는 레스토랑인 부엔까미노의 대표 메뉴 중 하나가 지리산애호박찌개다. 여기에 들어가는 애호박은 호박농부 서동민 님의 밭에서 오는 것이다. 그야말로 로컬푸드다. 번잡하고 복잡한 대도시에서 직장을 다니던 그는 아내와 의논한 후 과감하게 고향 구례로 돌아왔다. 그리고 애호박 농사를 시작했고 애호박 전문가가 되기 위해 부지런히 공부하는 농부이다. 중학생 자녀부터 미취학 자녀까지 네 자녀의 아버지다. 보통 귀농 시 아이교육 문제로 고민을 많이 하는데, 자연 속에서 성장하기 때문에 자녀교육에 대한 만족도가 상당히 높다. 아직은 농사가 서툴지만 그의 애호박은 아삭하니 맛있고 모양도 예쁘다. 구례마라톤클럽 회원으로 구례의 아름다운 길을 달리는 그를 만날 수 있다. 언제나 밝고 활력이 넘치는 젊은 농부가 있다는 것만으로도 시골은 활기를 되찾게 되는 것 같다.

여행은 사람이다

〈산수유마을에서 만난 양양 달래촌 김주성 촌장과
지리산자연밥상 고영문 대표(맨 우측)〉

〈네 자녀를 키우며, 부지런히 열정적인 삶을 영위하는 호박농부 서동민님〉

PART 3

나의 여행 이력서를
공개합니다

-오르내리고 걷고 놀다, 나의 이야기

나에게 오롯이 집중하는 순간, 산에서 만나다

나는 서울 용산에서 태어나 어린 시절을 용산에서 보냈다. 그 시절 대부분이 그랬듯이, 매우 힘들고 어려웠던 시절이었다. 어머니께서 용산역에서 신문 가판대를 하며 하숙집을 병행했다. 나는 새벽에는 신문과 우유배달을 했다. 학교 수업을 마치면 바로 용산역으로 달려가 어머니를 도와 가판대를 지켰다. 중학교를 중퇴하고 생활 전선에 뛰어들었다. 가내수공업 공장에서 근무하기도 하고 건물 관리와 청소 용역 등을 하면서 고입검정고시에 합격했다. 계속 주경야독을 해야 하기에 선린상고 야간에 입학했다. 다행히 수석으로 입학하여 장학금을 받을 수 있었고 3년 동안 반장을 맡았다. 학도호국단 간부도 맡았었다. 지나고 보니 이때 3년간 경험이 리더십을 키우는 데 큰 도움되었던 것 같다. 날마다 힘들고 바쁘게 지내면서도 늘 밝고 긍정적이었다.

'산의 깊은 맛'에 매료된 것은 중학교 3학년 때였다. 주말마다 일요일에는 무조건 전국 산을 다니기 시작했다. 아름다운 풍광을 보면서 나와 대화하는 시간이 좋았다. 산에 오르는 동안은 오롯이 나에게 주어진 소중한 시간이었다. 오르면서는 나에 대해 생각하고, 고민에 대한 답을 찾았다. 내려오면서는 기대감과 설렘을 느꼈다. 서점에서 〈등산 안내서〉를 구입하여 산에 대한 기초지식을 혼자 독학했는데 그게 너무나 재미있었다. 특히 매달 보았던 〈월간 산〉으로 등산에 대해 체계적으로 배울 수 있었다.

처음에는 서울과 수도권의 산을 다녔다. 조금씩 범위를 넓혀 전국의 산을 돌아다녔다. 산을 알게 되면서 나의 삶은 더욱 밝고 즐거워졌다. 산에서 스트레스와 난관을 이겨내는 힘을 배웠고, 육체적인 건강을 챙길 수 있었다. 산을 오르면서 혼자 결정하며 나아가는 힘을 키웠다.

부모님은 언제나 든든한 나의 응원자였다. 다만 경제적인 어려움이 늘 상존했으나 이것은 헤쳐 극복해 가면 되는 일이었다. 아버지의 든든함과 어머니의 끝없는 자상함과 따뜻함, 부모님의 사랑을 듬뿍 받으면서 자란 나는 더 없이 행복한 사람이었다. 덕분에 구김 살 없는 인간이 되었다.

상고를 졸업한 후 대학을 꼭 진학하고 싶었다. 모든 일을 접고 오직 입시 공부에만 매달렸다. 시간이 많지 않아 영어와 수학은 포기하고 나머지 과목에만 전념을 했다. 단국대학교 경영학과에 입학했다. 대학에 입학하면서 새로운 인생을 시작했다. 대학시절은 인생의 꽃이 아니겠는가. 대학생이 되어서는 패턴이 바뀌었다. 낮에는 공부를 하고 밤에는 돈을 벌었다. 1986년 군대 복무 30개월을 마치고 제대하면서 두 달 동안 가락시장에서 손수레를 끌면서 돈을 벌었다. 그 돈으로 등록금을 납부하고 등산 장비를 보충했다.

복학 후 공부에 전념하기 위해 일하는 시간을 줄여야 했다. 동생의 학비 지원과 학자금대출 두 가지 방법으로 등록금을 해결했다. 대학교 4년 취업준비를 하면서 여러 기업에서 합격통지를 받았다. 하지만 신한은행에서 최종 합격 소식을 들은 후에 어머니를 끌어안고 함께 펑펑 울었다. 내가 원하는 직장에서 근무할 수 있었고, 집안의 가계를 내가 끌어갈 수 있게 되었다. 가족들과 과거보다 안정된 삶을 살 수 있게 되었다.

신한은행에 출근하는 날, 아버지께서 늘 하시던 이야기를 다시 한 번 당부하셨다.

"정직해라, 거짓말은 절대 안 된다. 싫은 일을 먼저 챙겨라. 내가 하기 싫은 일은 남도 하기 싫은 법이다. 그러니까 내가 조금 밑진다

해도 남들보다 차라리 조금 더해라. 앞뒤 재면서 사는 것보다 차라리 내가 조금 손해 보는 듯 살거라."

"아이고, 아버지 말씀 잘 알았어요. 반드시 잘할게요. 걱정하지 마세요."

82년 12월 대학입학 시험을 마치고 울릉도 여행을 갔을 때이다.

여행은 사람이다

아들 두호와 함께 나선
지리산 종주길

아들 두호와 함께 EBS 〈한국기행〉 지리산 편에 출연했던 적이
있다. 방송사에서 처음 섭외 전화가 왔을 때 지리산 종주를 촬영한
다고 하니 너무 반가워서 무조건 하겠다고 했다. 며칠 후 제작팀과
대화를 나누었는데, 프로 바둑기사인 아들 두호와 함께라면 더 좋
겠다는 소리를 듣고 매우 기뻤다. 아주 단순하게, '아들과 함께 지리
산 종주'를 할 수 있다는 그 하나만으로도 기분이 무척 설렜다. 방송
을 핑계 대고 적극적으로 아들을 섭외했다.

출발하는 날 새벽 2시부터 일어나 준비를 했다. 이왕이면 노고단
일출을 보면서 시작하기 위해서였다. 아직 컴컴한 시간, 성삼재부

터 걷는 길에 살짝 고개를 들어 하늘을 보니 밤하늘의 별이 쏟아질 듯했다. 별빛을 눈에 가득 담으면서 걷는 길은 전혀 힘들지 않다. 오히려 발걸음이 너무나 가벼웠다. 계획한 대로 지리산에서 일출을 만났다. 아들과 함께 일출을 보는 지리산 종주길이니 더 의미 있고 더 행복한 순간이었다.

저 멀리 천왕봉까지 긴 이야기를 나누면서 걸을 생각에 가슴이 벅차기 시작했다. 임걸령샘에서 샘물을 맛있게 한 모금 마시며 추억이 떠올랐다. 두호가 초등학생 때, 동생 다연이와 함께 반야봉을 오른 후 뱀사골로 하산한 적이 있다. 신한은행 산악회와 같이 한 산행했는데 A조는 반야봉 정상을 가는 팀, B조는 그냥 통과하여 삼도봉에서 하산하는 진행이었다. 아이 둘 모두 어린 초등학생일 때였는데 같이 A조에 합류하여 반야봉 정상을 올랐다. 어른들도 매우 힘들어하는데 초등생들이 산을 잘 오른다며 산악회 직원들이 놀라며 기특해했었다.

5월 산뜻한 연녹색의 철쭉이 한창 피는 순간의 지리산은 '아름답다'거나 '멋지다'거나 하는 등의 다른 말이 필요 없는 시기이다. 언제나 멋진 지리산이지만 계절의 여왕 5월의 푸름을 더하니 가히 천하무적의 아름다움이다.

날씨도 화창해 걷기에도 촬영에도 좋은 날이었다. 촬영을 하면서 걸으니 속도가 느렸다. 왔던 길을 되돌아 다시 찍고, 다시 걷고 기다리고 하는 과정이 반복되었다. 무거운 장비까지 챙겨 산길을 걸어야 하는 촬영팀들은 고생이 더했을 것이다. 그래도 자기가 하는 일, 직업이기에 묵묵히 그리고 즐겁게 몰입했다. 나는 촬영팀 전체를 총괄하는 최규상 PD의 열정에 탄복했다. 벽소령대피소를 지나 세석으로 가는 길에 이르자 모두가 지쳐 거의 기진맥진 상태가 되었다. 최 PD는 어느덧 해는 넘어가는데 이 아름다운 석양을 꼭 찍어야 한다며 안타까워했다. 길 없는 옆 봉우리를 헤집고 나가 겨우 한두 명 설 수 있는 공간에서 멋진 일몰 장면을 찍을 수 있었다. 프로의식이란 지리산만큼이나 멋지고 아름다운 것이다.

완전히 컴컴한 한밤중에 세석대피소에 도착했다. 새벽 2시부터 밤 9시까지 첫날 19시간의 강행군에 못 이겨 결국 두호는 몸살이 났다. 내일도 많이 걷고 촬영해야 하는데 걱정이었다. 사실 2박3일 일정으로 진행해야만 했는데, 부득이 하루를 더 단축하여 1박2일 일정으로 무리하게 진행했던 탓이다. 아침에 일어나니 설상가상 부슬부슬 비가 내린다. 이번 지리산 종주 중 비 예보가 없었는데 갑자기 내린 것이다. 오리털 파카를 챙겨 입고 비옷을 그 위에 입고 걷는 데도 한기가 스며들었다. 역시 지리산이었다. 5월에 이런 추위를 느끼다니. 다채로운 아름다움만큼 날씨 또한 변화무쌍하다.

장터목대피소에서 브런치 타임을 가졌다. 사실 아침 점심식사를 한 번에 해결하니 자동으로 브런치 타임이 되었다. 경관 좋은 곳에서 배고플 때 먹으니 최고의 맛집에서 최고의 식사 아닌가. 계속 내리는 빗속을 뚫고 제석봉을 지나 마침내 천왕봉 정상에 올랐다. 정상에서 고생한 아들을 꼭 안아주었다.

'몸살이 들어 힘든데 잘 견뎌줘서 고맙구나.'

예상치 못한 날씨에 모두들 고생했지만 그 변덕스러운 지리산 날씨 덕분에 더 아름답고 운치 있는 그림들을 찍을 수 있었다.

〈지리산 10경 중 하나인 8경 연하선경을 걷고 있는 두호〉

바둑 실력은 내기를 해야 는다

아들이 프로 바둑기사라고 하면 아버지인 나의 실력을 궁금해

한다. 내가 처음 바둑을 접한 것은 초등학교 시절이었다. 학교길 주변에서 바둑판을 펼쳐놓고 삼삼오오 모여 바둑을 두는 아저씨와 할아버지의 어깨너머로 바둑을 눈으로 배웠다. 이것을 '어깨너머 바둑'이라고 한다. 그 어깨너머 바둑만으로 10급 실력이 되었다. 실제 바둑을 둘 상대나 기회가 없었지만 집중력이 좋았던 덕분이라고 말하고 싶다. 하지만 구경만으로 10급 정도 실력이 가능했던 것은 좋아했기 때문이다.

바둑을 직접 두기 시작한 것은 중학교 때였다. 집안 형편 때문에 일찍 생업에 뛰어들었는데, 중학생 시절 충무로 세림빌딩에서 빌딩 청소와 관리 등을 하며 근무했던 적이 있다. 그때 세림빌딩 1층에 있던 양복점 사장님이 3급 실력이었다. 쌍용그룹에서 정년퇴직 후 양복점을 차린 사장님은 취미가 바둑이셨고 바둑을 엄청 좋아하셨다. 간간이 시간 날 때면 나와 대국을 했는데 처음엔 7점 접바둑이었다. 한 달에 한 점씩 치수가 내려갔다. 실제 7달 만에 바로 맞바둑을 두게 되었다. 빠른 성장, 아니 폭풍 성장이었다. 양복점 사장님이 나의 바둑 스승이었다. 바둑에 푹 빠져서 책도 사서 보고, 사장님을 따라 잡고 이기기 위해 정말 집중했던 시절이었다. 그 결과 7개월 만에 3급 실력을 갖추게 되었다.

주말에는 기원도 다녔다. 종로 관철동에 있는 유명한 한국기원에도 몇 번 다녀왔다. 기원1급(지금 아마추어 5단 수준) 실력이 되었을 때 주변에서 프로기사에 도전하라고 권했다. 그 권유에 나름 심각하게 고민에 빠지기도 했다. 하지만 나의 길은 아니라는 결론이었다. 내가 바둑 이야기를 들려주면 많이들 바둑 실력을 올리는 방법을 알려달라고 한다.

"3점을 미리 깔고 두는 접바둑을 둬 보세요. 점심 내기나 커피 사기 같은 가벼운 내기를 해야 효과가 더 커집니다."

나의 경우처럼 접바둑에 내기 바둑을 더하면 몇 달 만에 맞바둑을 두는 경지에 빠르게 올라갈 수 있다. 여기에 책도 보고 다른 복기도 해 봐야 한다. 반복적으로 당하는 유형이 있다면 책도 찾아보고, 다른 복기도 해 보면 된다. 칭찬도 중요하다. 만약 아이에게 바둑을 가르친다면 적시에 칭찬을 해줘야 한다. 아이들에게는 칭찬이 가장 큰 효과를 발휘한다.

여행하며 성장하는 아이들,
첫 해외 산행은 후지산

6월 어느 날, 초등학교 4학년 딸이 옆에 다가와서 진지한 표정으로 물었다.

"아빠, 우리는 해외여행은 언제쯤 가요?"

"응? 웬 해외여행?"

"학교에서 외국여행 이야기를 나누는데 다들 가봤더라고요. 외국에 못 가본 애는 나랑 다른 친구 한 명뿐이에요. 국내여행 다닌 것은 내가 1등인데."

"그래? 그러면 이번 방학 때 바로 가자."

그렇게 아이들에게 가까운 일본부터 가자고 했다. 일본을 가는 것이니 당연히 코스에는 후지산 등반이 포함되었다. 후지산은 보통 7월과 8월에 입산이 가능하다. 산 정상 높이가 3,776미터로 보통사람들은 고산병 때문에 고생하기도 한다. 산 중턱부터 나무가 없어 한여름 땡볕에 올라야 해서 주로 야간 산행을 많이 한다. 우리 가족도 밤 9시부터 산행을 시작했다. 8합목에서 잠시 새우잠을 청한 후 일어나 가족 모두 함께 후지산 정상에 올랐다. 그리고 후지산에서 일출을 맞이했다.

'좋은 일이 많으려나? 성스러운 후지산에서 일출을 보면 좋은 일이 생긴다고 하던데.'

후지산 정상에서 일출을 보는 것은 지리산 천왕봉에서 일출을 보는 것처럼 대단한 행운이라고 한다.

후지산은 일본 산악신앙과 일본불교 수행의 중심지다. 후지산을 신성시 여기는 순례자들이 생기며 이들을 위한 등산로가 형성되어 있다. 분화구에 있는 신사 등과 같은 유적은 세계문화유산으로 등재되기도 했다. 그러나 8월 한여름에 뙤약볕 아래에서의 후지산 산행은 고행의 행군이었다. 화산분화재로 덮인 하산 길은 참 짜증나는 길이다. 지그재그로 계속 내려가야 하고 발을 딛는 만큼 화산재가 밀려 내려오니 구간마다 중장비가 있어 계속 흙을 쓸어 올리고 있었다. 특이한 풍경이었다. 산행을 마친 후 매점에 도착해선 아이들에게 직접 먹을 것을 사게 했다. 먹고 싶은 소망을 스스로 채워보

여행은 사람이다

라는 의도도 있었고 이국땅에서 언어 소통의 문제를 느끼고 해결해 보라는 의도도 있었다.

돌아오는 비행기 안에서 딸이 궁금해했다. 일본어를 못하는 아빠가 일본에서 가족들을 잘 인솔했는지 말이다. 딸아이에게 이렇게 대답해 주었다.

"여행을 다니는 방법은 어느 나라든 비슷해. 그래서 국내여행을 많이 다니면 여행하는 방법을 상세하게 배울 수 있어."

해외로 여행을 가면 언어, 즉 소통의 문제가 하나 더 추가되는 셈이다. 표지판이나 지도 등에는 영어 설명이 기본적으로 되어 있어 행선지를 찾을 수 있다. 여행을 안 다녀본 사람은 국내에서도 떠나지 못한다. 그래서 국내에서 여행하는 방법, 그 요령을 먼저 배워야 외국에서도 그대로 적용할 수 있다. 일본의 경우 한자 표기가 많아 좀 더 수월한 여행을 할 수 있다.

"아빠 입장에서 일본여행은 참 쉬워. 일본에서는 한자 표기가 많으니 그걸 보면 되거든. 만약에 아빠가 일본어를 할 줄 안다면 일본 사람들과 대화를 나누었을 거야. 일본에 대하여 궁금한 것들도 묻고, 친구도 사귀고. 더 재미있고 더 깊게 일본을 여행할 수 있었겠지. 그래서 언어가 중요하단다. 영어, 중국어, 일본어 이렇게 배워두면 좋단다."

초등학교 4학년 딸은 어학 공부가 왜 필요한지 여행을 통해 직접

느꼈다. 아이들 교육에선 무엇보다 호기심을 발동시키는 것과 칭찬
이 제일 좋다. 실제로 아이들을 키우면서 공부하라고 잔소리한 적
이 없다. 학원도 보내지 않았다. 대신 책을 많이 읽혔다. 같이 서점
과 헌책방 투어도 많이 다녔다. 집사람과 나도 그리고 애들까지 모
두 책읽기를 좋아하기에 언제나 책을 사는 비용이 꽤 든다. 그리고
지방여행과 시내 투어, 등산과 캠핑 등 가족여행을 많이 다녔다. 필
요하다고 생각하면 공부는 스스로 챙기게 된다. 아이들에겐 왜 필
요한지 호기심을 자극하고, 잘했을 때 칭찬해 주는 게 가장 좋은 방
법이다.

〈우리 가족의 첫 해외여행지는 일본으로 함께 후지산에 올랐다〉

여행은 사람이다

가족의 여행 미션,
백두산을 걸어 오르다

한번은 가족의 여행 미션을 정했다.

"백두산을 걸어서 오르자!"

아주 신나는 미션이지 않은가. TV에서만 보아왔던 장백폭포 앞
에 막상 서니 숨 막힐 듯한 느낌이었다. 장엄하고 웅장했다. 폭포
옆 계단길을 오르고 오르다 보면 달문에 다다른다. 달문은 백두산
에서 유일하게 흘러내리는 물로 압록강의 발원지이다. 물 한 모금
을 마시며 감격에 젖었다. 백두산 물을 이렇게 마시다니. 그런데 백
두산 천지의 물은 화산재 석회질이 함유되어 직접 마시면 안 좋다
고 한다. 그래도 아랑곳하지 않고 천천히 음미하면서 마저 마셨다.

언제 또 느낄 수 있겠는가.

마침내 백두산 천지에 도착했다. 배달겨레, 우리 민족의 성지에 도착하니 만감이 교차했다. 기념촬영을 해야 한다며 아들 두호와 딸 다연이의 손을 잡고 천지에 천천히 들어갔다. 물이 너무 차가워 아이들은 기겁을 했다.

"엄마! 빨리, 빨리요!"

그래도 사진은 찍어야 하니 엄마를 재촉해 댔다. 아내가 찍었다는 신호를 주자 냉큼 밖으로 뛰어나갔다. 수온이 15도이니 진짜 차갑기는 했다. 한여름인데도 정신이 얼얼했다. '온 가족이 걸어서 백두산 정상에 올랐다'는 사실 자체만으로도 괜히 감격스러웠다. 그토록 갈망했던 백두산 산행이지 않은가. 사랑하는 가족과 함께하니 기쁨이 더욱 커지는 게 당연했다. 초등학생들에게 더 인상 깊은 추억이 될 게 분명했다. 백두산 산행은 아이들 가슴에 남을 추억이 될 것이다.

산행 후 중국 동북 지역을 돌아보았다. 옛 고구려의 숨결이 느껴지는 코스를 차근차근 따라갔다. 광개토대왕비와 장군총, 압록강과 두만강 등등. 두만강에서는 뗏목을 연결한 배를 탔다. 강 건너에는 군복을 입은 북한군이 보였다. 우리 민족의 염원인 평화 통일의 날이 오기를 빌었다. 아이가 있는 여행팀들에게는 백두산과 동북여행 코스를 많이 권했다. 역사여행으로도 손색없는 코스기 때문이다.

일반 관광보다는 더 의미가 있고 뜻 깊은 시간이 될 것이다.

〈가족과 함께 백두산에 걸어서 오르니 괜한 감동이 밀려왔다.
장백폭포 앞에서 두 아이와 포즈를 취했다〉

〈백두산 천지에 발 담그니 정말 차갑다〉

영혼의 전율, 영혼의 안식, 히말라야 트레킹

직장인들에겐 휴가만큼 달콤한 것이 없다. 기다려야 하고 짧기 때문에 더욱 달콤한 것 같다. 어떻게 보낼 것인가 하는 고민과 설렘이 더해지면서 휴가의 값어치는 더욱더 커진다. 가고 싶은 곳이 많은 나도 직장 다닐 때 여름휴가를 알차게 사용했었다. 신한은행에서는 10년을 근속하면 안식휴가가 주어진다. 이 휴가 때는 결혼 10주년을 기념해 여행을 떠나기도 했었다. 15박16일 일정의 유럽 배낭여행이었다. 런던과 파리, 스위스와 로마를 다녀왔고 숙소는 대부분 게스트하우스를 이용했다. 인상적이었던 것은 영국 런던의 날씨였다. 햇볕이 쨍한 날을 보기 어렵다고 들었는데 비가 오는 것도 아니고 안 오는 것도 아닌 그런 날씨였다. 우산을 쓸 필요는 없는데 안 쓰면 옷이 스멀스멀 젖을 것 같았다. 마치 분무기를 뿌리는 듯 흐린 날씨는 묘한 분위기를 만들어 냈다. 런던 시내 한복판에 큰 규모의 공원들이 많은 것도 놀라웠다.

신한은행에는 웰프로(Well-Pro)라는 휴가제도가 있다. 웰프로 휴가는 2010년에 은행권 최초로 시행한 휴가다. 웰프로 휴가로 직원들은 의무적으로 쉬어야 하며, 영업일 기준 10일을 연속으로 사용할 수 있다. 휴가 없이 내내 일하는 것은 직원들에게도 좋지 않지만 회사 입장에서도 이득이 없다. 휴가를 쓰지 않으면 남은 일수만큼 돈으로 보상해 줘야 한다. 신한은행은 유급휴가 의무 사용을 통해 약 100억 원 이상의 비용을 절약했다.

웰프로 휴가 시행 후 직원들의 후기를 공모했는데, 다양한 이야기들이 나왔다. 나도 후기 공모에서 입상을 했었고 직원들의 다양한 후기를 접했다. 장봉기 부부장은 웰프로 휴가로 베트남과 캄보디아 등지에 의료봉사를 가족과 다녀왔다. 그는 간호사인 아내가 활동하고 있는 의료봉사 단체 회원들과 빈민 주거 지역을 방문했다. 하루 동안에만 수백 명의 환자를 접수 안내하고 차트를 정리하는 등 의료활동을 지원했다고 한다. 얼마나 의미 있게 보낸 휴가인가. 그동안 서먹했던 아이들과 즐거운 시간을 보냈다는 이들도 많았다. 직장 생활을 하다 보면 아이들과 시간을 보내는 것이 어려운 일이니, 함께 여행을 하는 것만으로 가족들에겐 큰 선물이 된다.

　나는 시행 첫 웰프로 휴가 땐 히말라야 안나푸르나 베이스캠프를, 두 번째에는 아프리카 킬리만자로 트레킹을 다녀왔다. 시행 3년 차인 세 번째 휴가 때는 히말라야 코스 중 가장 가고 싶었던 촐라패스 구간에 도전했다. 쿰부 히말라야 트레킹은 고쿄피크(5,360미터)-촐라패스(5,330미터)-에베레스트 베이스캠프(5,364미터)-칼라파타르(5,550미터)를 거치는 14박15일 일정(8월 3일부터 18일까지)이었다. 에베레스트 원래 이름은 초모룽마(티베트), 사가르마타(네팔)다. 에베레스트는 160여 년 전 영국 측량대 단장의 이름에서 따온 것이다. 에베레스트 베이스캠프는 트레킹 구간 중 화산재 등으로 삭막하고, 걷기가 짜증스러웠다. 세계 3대 미봉美峰 중 하나인 아마다블람(6,856미터)도 보다 가까이에서 볼 수 있었다. 히말라야의 아마다블람과 마차푸차레, 알프스의 마터호른이 세계 3대 미봉으로 꼽힌다. 아마다블람은 '어머니의 진주목걸이'라는 뜻이라고 한다. 촐라패스(5,330미터) 정상에 오르기 위해 새벽 3시부터 산행을 시작했다. 역시나 히말리야 트레킹 중 가장 힘든 구간이었다.

　에베레스트 트레킹 코스 중에서 가장 높은 곳의 산장인 고락셉 산장(5,180미터)에서 놀라운 장면을 보기도 했다. 성수기를 대비해 산장(롯지)을 신축하고 있었는데, 건설근로자들이 휴식시간에 배구를 하는 것이었다. 그 힘든 건설 일을 하던 중, 이 높은 곳에서 고산병 없이 여유 있게 운동할 수 있다니. 게다가 그들의 배구 실력도 대단했다. 50~80킬로그램의 짐을 메고 고산 증세 없이 오르는 현지 포터들 또한 늘 대단해 보이는 존재들이다. 가끔 갓 열 살을 넘긴 어린 소년들이나 여성 포터들도 볼 수 있는데 고생하는 모습이 안타까우면서도 무거운 짐을 지고 씩씩하게 올라가는 것을 보면 대단해 보일 수밖에 없다.

그렇다. 히말라야 트레킹에서 가장 큰 어려움은 고산병이다. 다행히 나는 고산병 없이 보름 동안 5천 미터가 넘는 4개 봉을 연속 등정했다. '초모룽마(사가르마타)의 신이시여, 감사합니다. 나마스테.'

〈칼라파타르(5,550미터) 정상에서 은행기와 블랙야크 깃발을 꼽고 기념했다. 뒤에 푸모리(7,165미터) 정상이 보인다〉

〈에베레스트(8,848m)와 눕체(7,861m) 정상을 배경으로 사진을 찍으려는데 아침 일찍이라 역광으로 촬영이 어려웠다〉

〈촐라체(6,335미터)의 모습. 사진을 다시 보니 다시 히말라야에 가고 싶다〉

〈고쿄피크 가는 길. 히말라야에서는 어디를 찍어도 장엄한 풍경이다.
인간을 겸손해지게 만드는 풍광이다〉

한반도 최남단에서 최북단까지,
걸어서 가다

주말마다 산에 다니면서도 하고 싶었던 일이 있었다. 산에 실컷 다닐 수 있는 장기 배낭여행이었다. 기회가 왔다. 바로 입대 전 기간, 군대에 가기 전의 시간을 기회로 삼기로 했다. 휴학을 한 후 두 달 정도의 일정으로 도보여행 계획을 세웠다. 코스는 우리나라의 최남단에서 최북단까지 국토 종단이었다.

이때 최남단 가파도와 마라도 그리고 제주도를 걸었다. 제주의 품에 안겨 걸었던 기분은 지금도 생생하다. 그냥 좋았다. 바다와 산이 보이고 들판이 보이고 바람이 부는 제주는 걷기에 정말 좋은 곳이다. 지금은 제주 올레길이 생겨 더욱 접근성도 좋아졌고 걷기도 좋아졌다. 해가 지기 전에 적당한 장소에 텐트를 쳐야 했다. 밤이 되어 텐트에 들어가 잠자리에 들면, 홀로 걷는 것이 더욱 외롭게 느껴졌다. 외롭고 때로는 아프고 어떤 때는 불편했고, 어떤 때는 집으로 그냥 돌아가고 싶기도 했지만 다음 날이면 다시 마냥 신나게 걸었다.

완도에서 차를 타고 해남 땅끝마을로 향했다. 국토의 끝을 알리는 토말비土末碑(땅끝탑)에 새겨진 이은상 님의 글을 벅찬 가슴으로 천천히 읽었다.

"땅끝 위치 – 우리나라 육지부의 최남단 전라남도 해남군 송지면 갈두리 사자봉 땅끝은 극남 북위 34도 17분 38초 동경 126도 6분 01초. 여기에 조국땅의 무궁함을 알리는 토말비를 세우다."

땅은 끝이지만 나의 국토 종단, 도보여행은 여기서 다시 시작되었다.

"그래, 이제 시작이야. 건강하게 잘 마치자. 힘내자. 정영혁!"

큰소리로 나 자신에게 격려와 박수를 보냈다. 홀로 걸으면서 가수 이영화의 〈저 높은 곳을 향하여〉를 많이 불렀다. 마치 나의 도보여행의 주제가 같은 가사 때문이기도 했다.

"저 높은 곳을 향하여. 나 지금 가는 이 길이 정녕 외롭고 쓸쓸하지만 내가 가야 할 인생 길. 저 높은 곳을 향하여. 나 지금 가는 이 길이 정녕 고난의 길이라지만 우리 가야 할 인생 길……."

여행은 사람이다

50박51일 일정으로 3천 리를 걷고 나니 무엇이든 할 수 있다는 자신감이 생겼다. 몸도 단단해져 '몸짱'이 되었다. 이때의 도보여행기는 애독했던 〈월간 산〉 1983년 12월호에 실렸다. 여기에 다시 옮겨본다. 이제는 아련한 36년 전 추억이다.

모기한테 헌혈(?)

가슴 조이던 기말고사도 끝나고 방학 이야기가 꽃을 키운다. 평소 가장 갈망하던, 일정한 틀을 벗어나 농어민들의 생활을 직접 체험하며 부대끼고 싶었다.

교통수단을 이용할 수도 있으나 등산으로 단련된 내 다리를 믿고 또 조금이라도 밀접하게 접근하려고 어렵지만 걷기로 했다. 7월 19일이 정해지고 난 후부터는 이리저리 분주히 자료수집에 바빴고 장비는 다행히 그동안 산행의 덕택에 내 것만으로 충분하였다. 이틀 밤을 꼬박 새워 작성한 약 두 달 동안의 계획서를 보고 '과연 가능할까?' 하고 반문하는 친구도 있고, "둘도 아니고 더구나 혼자는 무리야!" 하시는 선배님의 따스한 충고도 들리지 않았다. 내 결심은 굳어 있었고 마음은 이미 떠나 있었다.

'탐라여! 어서 달려와 나를 맞으라!'

7월 19일 애써 결심하고 모든 준비가 끝났는데 고생길일지도 모른다는 생각이 들게 짓궂은 장마가 그치질 않는다. 30킬로그램이 넘는 배낭을 메고 영등포역으로 고요한 적막을 깨고 밤차는 잘도 달린다. 수다(?)스럽게 이야기하던 아가씨도 내린 지 오래. 사정없이 빗줄기가 내리치는 창가에 앉으니 앞으로의 여정에 대한 불안이 인다. 친구들에게 '앰블란스에 실리기 전까지는 절대 도중하차가 없으리라'고 큰소리쳤건만.

구면인 안성호에 올라 뒷머리에 자리 잡았다. 바다 가운데 떴을 무렵 갑자기 비명소리에 놀랐다. 아가씨가 멀미에 혼나는 모양. 뱃편을 알아보기 위해 모슬포를 한 바퀴 돈 후 썰렁하게 빈 대정해수욕장에 텐트를 설치하니 반갑게 맞아주는 건 모기떼. 헌혈(?)을 얼마나 했는지 피가 튄다.

24일 높은 파도에도 불구 어선을 타고 가파도를 나왔다. 한 달에 단 두 번 운항하는(1일, 11일) 마라도는 일정 때문에 단념할 수밖에. 아쉬움에 자꾸 뒤돌아보며 신창으로. 푸른 융단을 뒤집어쓴 듯한 비양도를 벗 삼아 번화한 한림읍에 도착. 강렬한 볕에 몸이 기진맥진하다. 어깨가 욱신욱신하고 땀은 비 오듯 한다.

협재해수욕장의 흰모래는 인상적이었다. 참외 수박이 흔한 애월에선 신나게 포식했다. 부두에서 밤을 꼬박 샌 뒤 어깨가 움츠러들 정도로 에어컨 시설이 잘된 한일 카페리를 타고 섬 같지 않은 섬 완도에 도착했다.

27일 6시 25분. 이슬에 젖은 채 북위 34도 17분 38초! 이름하여 땅끝, 토말土末에 섰다. 대한민국 극남의 막내, 전남 해남군 송지면 갈두리 사자봉(122미터). 한 폭의 병풍을 보듯 아름다운 비경에 토말비土末碑가 고고히 서 있어 그만 숙연해질 수밖에 없었다. '태초에 땅이 생성되었고 인류가 발생하였으며 한겨레를 이루어 국토를 그은 다음 국가를 세웠으니 맨 위가 백두산이며……, 삼천리 강토겨레여 여기 서서 저 대자연을 굽어보며 조국의 무궁을 기원하자.'

비포장 도로라 걷기가 수월해 원색 물결의 송호리를 지나 단숨에 월송까지 갔다. 13번 국도에 올라 남창에 도착하니 813번 국도는 시집 가는 색시처럼 예쁘게 단장하고 있었다. 신월리에 오니 어둠이 깔렸다. 두륜산에서 내려오는 맑은 물에 몸을 담그니 도무지 나오기가 싫다. 빨리 밥해야 되는데…….

〈모란이 필 때까지는〉 김영랑의 고향 강진을 지날 때 처음으로 간첩 신고를 당해 졸지에 검문검색을 받았다. 3천5백만 원짜리(?)가 못돼 미안하지만 신고정신 하나만은 높이 사야겠다. 물집투성이의 아픈 다리에 '다시는 이런 짓 않겠다'고 자탄하면서도 35킬로미터나 걸어 이제 자신이 생긴다. 아버님 생신이고 해서 조성리에서 처음으로 집에 전화, 막상 수화기를 내리니 마음이 자꾸 약해지는 것 같다.

이 정도면 상팔자

8도 경사의 열가재를 넘으니 벌교읍. 다른 읍보다 좀 커 보인다.

'가는 날이 장날'이라더니 순천은 장날에 도착했다. 역시 시답게 규모가 크다. 광양에서 하동까지는 28킬로미터 고속도로와 근접한 곳에서 2번 국도는 초라했으나 차라리 걷기에는 편했다. 고속도로, 국도, 철로가 같이 사이좋게 달린다. 골약을 지나니 해가 넘어지고 서서히 스피드가 나온다. 뛰다시피 걸어 옥곡에 닿으니 컴컴해졌다. 역 대합실에서 잠을 청했다.

8월 3일 백사장이 아름다운 섬진강에 닿았다. 영·호남의 경계인 섬진교를 건너니 경남 하동군 하동읍. 좌우 굵은 벚나무가 인상적이었다. 과로 때문인지 얼굴이 창백해지며 어지럽다. 게다가 배탈까지 났으니 연일 폭서에 완전 녹다운이다. 겨우 배낭을 메고 걷는 데 꼭 용광로에 들어가는 기분이다. 뒤에 알았지만 울산 측후소가 생긴 51년 이래 최고 기온 38도 7분을 기록했단다.

다솔사에서 완사까지는 포플러가 우거져 편했으나 차 한 대만 지나가면 얼굴이 하얘진다. 비포장도로의 매력(?)이랄까. 논개의 얼이 어린 진주, 남강이 있어 더욱 보고 싶은 곳! 정애 선배님을 만나 쌓이고 쌓인 외로움의 보따리가 터져 입이 아프도록 떠들었다. 더위가 날 잡술 듯, 익혀 버릴 듯한 아스팔트가 악마처럼 보여 야간 행군을 시도했으나 교통사고의 위험, 야영지 선택의 어려움과 주민들의 투철한 신고정신 덕택에 더욱 힘들었다.

물 좋은 마산의 무학산에서 멱 감고, 7일 웅동을 지날 때 라디오를 통해 다급히 울리는 사이렌 소리에 너무나 놀랐다. 중공기의 귀순이었다. 정말 졸지에 이산가족(?)이 될 뻔했다. 해질 무렵 낙동강

하구에 앉으니 물밀듯 고독이 밀려와 입버릇처럼 되새긴다.

'혼자 있는 사람이 가장 약하면서 가장 강하다! 영혁아, 힘내자!'

활기찬 굴뚝들을 보며 사상을 지나니 새까맣게 깜치(?)가 된 나에게 사람들이 따가운 시선을 보낸다. 부전동에서는 촌놈마냥 헤맸다. 해운대의 야경은 선정적이랄까? 쌀이 없어 국수를 삶아 고추장에 찍어 먹어도 천하일미다. 식성이 워낙 좋아 찬 걱정이 전혀 불필요했다. 일부러 천천히 아주 느리게 달맞이고개를 걸어 넘었다. 한 장의 그림엽서를 보는 듯한 송정을 지나 양산군에 도착, 삼양라면 공장에 견학을 부탁하니 아래위를 훑어보곤 일언지하에 거절이다.

형님 댁에서 몸보신하고 17일 인상 깊은 태화교를 건너 네 번째 도인 경상북도에 들어섰다. 구름을 잔뜩 인 토함산을 바라보며 신라 천 년의 도읍 경주에 들어서자마자 빗방울이 무섭게 굵어진다. 이젠 비도 반갑다. 강동대교 위에서 처음으로 도보여행하는 동반자를 만나 기뻤지만 그것도 잠시, 지겹도록 쬐는 태양과 싸우며 영일군에 서니 포항제철이 형산강 끝에 보인다.

동해의 푸른 파도가 코앞에 다가선 화진휴계소에서 돌 하나를 주워 멀리 힘껏 던졌다. 강구종고에서 식사를 마치고 설거지하는데 여학생들이 웃는다. 홀애비 인생! 이 정도면 상팔자(?)지.

오십천을 따라 가니 이윽고 영덕. 고개를 힘겹게 오르는데 군용트럭에서 반갑게 손을 흔든다. 답례를 하는데 묘한 감정이 인다. 벌써 동료애인가? 입대 50일 전.

이젠 침낭 없이는 한기를 느낄 정도다. 덥다며 잠을 설친 때가 엊그제 같은데. 송림 사이에 보이는 월송정은 한 폭의 그림이다. 성류굴 입구에서 미숫가루로 목을 축인 뒤 수산검문소 초병들의 격려를 받으며 고행의 길, 인생의 길로 진군한다.

골 때리는 산?

파노라마처럼 펼쳐지는 죽변의 장관에 잠시 넋을 잃었다. 특히 오른쪽 끝에 우뚝 솟은 하얀 등대가 돋보였다. 방파제 시설도 뛰어난 곳, 여의도 5·16광장보다 넓은 듯한 탄탄대로에선 바닷바람이 세차게 몰아쳐 하마터면 넘어질 뻔했다.

나곡을 지나 계속되는 언덕을 숨이 턱까지 차게 오르니 태백산 함백산이 붉은 조명을 받아 고고히 자태를 드러내 놓으니 마치 내가 신선이나 된 기분이다. 마침내 34일 만에 긴장된 걸음으로 강원도에 도착했다. 벌써 목적지에 다 온 듯 긴장이 풀리며 마음의 여유까지 생긴다.

22일 임원을 지나는데 클랙슨 소리와 함께 기사님께서 손을 흔든다. 난 이미 아스팔트 위의 터줏대감(?)이 된 모양이다. 갈남리에서 자전거 일주팀을 만나 굳게 악수하고 궁촌에선 몸소 도로 위에까지 환영 나온 뱀 선생에 소스라치게 놀랐다.

맹방 조금 못 미쳐서 도보여행하는 두 분(김성규, 이병문 씨)을 만나 너무 반가움에 시간은 일렀지만 바로 그 아래에서 야영, 처음으로 버너에 찌개를 끓여 식사다운 식사를 하고 밤을 지새우다시피 이야기했다. 시멘트의 고장 삼척에는 두꺼비가 새끼 업은 모습으로 (비가 오니 판초를 쓴 것) 활보했다.

동해시에서 무릉계행 시내버스에 올랐다. 얼마 만에 타보는 차인가. 버스도 안내양도 예뻐 보인다. 두타산, '골 때리는 산?' 과연 강원도 국민 관광지 1호로 지정된 만큼 손색없는 계곡이다.

심야극장까지 보이는 묵호를 지나니 진흙창 길. 망상해수욕장의 썰렁한 바람이 유난히 차게 느껴진다. 그 많던 인파가 스쳐간 여름의 상처! 텅 빈 방갈로만이 날 반겨주누나. 어두울 무렵 막 정동진리에 들어섰다. 땅이 모두 젖어 야영지 선택이 어렵다. 다행히 마당은 괜찮아 아주머님께 여쭈니 "한데서 어떻게 자냐"고 그런 소리 마라며 방으로 잡아 끈다. 몇 가구 안 되는 이곳은 원래 뿔뿔이 흩어진 산촌이었으나 울진 삼척 공비사태 이후 정부에서 집을 세우고 이주시킨 곳이다. 감자밥에 콩잎, 고추장, 국 하나, 시골 냄새가 물씬 풍기는 조촐한 음식이지만 정성에 절로 고개가 숙여진다. 하얗게 부서지는 파도와 가장 가까운 정동진역. 철마에 마음을 실어 보내고 몸은 강릉을 그대로 관통해 명주군 사천면을 지나쳤다. 며칠째 젖

여행은 사람이다

은 짐을 들고 다니니 배로 힘들다. 발도 엉망이라 외딴 농가에서 여장을 풀었다. 오랜만에 TV를 보는데 우리 학교가 회장기 쟁탈 전국 장사씨름대회에서 우승했다. 굉장히 기쁘고 반갑다. 엊그제는 조정에서 낭보가 들리더니.

27일 강한 빗줄기도 나의 길을 막을 수는 없었다. '악바리!' 이번에 얻은 별명. 판초를 쓰고도 거뜬히 백 리를 걸으니 도무지 믿기 어렵다는 눈치들이다. 분단된 아픔의 산 역사장인 38선을 숙연한 마음으로 넘었다. 자욱하게 깔린 안개 위로 웅장하게 딱 버티고 선 설악의 모습에 숨 막힐 지경이다. 관광차가 즐비하게 있는 낙산에서 건빵으로 별식(?)했다. 속초시를 뒤로 하며 삼포에서 전야제(?).

29일 송지호 철새 도래지(고니 오는 곳)에 잠시 시선을 주며 오랜만에 땀에 흠뻑 젖어 걷자니 오히려 상쾌하다. 간성, 거진을 나는 듯 통과했다.

현내면에 들어서 몇 구비를 넘으니, 아! 화진포가 한눈에 들어온다. 마을 아저씨 두 분께 여쭈니 명파리는 도저히 안 되고 마차진까지는 가능하다고 친절히 일러주신다. 천천히 대진을 지나니, 이제 비포장이다.

너 정말 걸어다녔니?

4시 20분, 약간 떨리는 기분으로 드디어 마차진 도착! 나는 해냈다! 털썩 주저앉으니 지난 42일이 필름 돌아가듯 스쳐 간다. 멀리 제주 특유의 꽁보리밥을 계속 두 그릇 이상 비우는 식성, 떠나는 날은 특별히 찹쌀을 섞으신 기환이 어머님, 군동에서는 도울 것이 없냐며 김치를 눌러 담던 상필이, 코스를 바꿔서라도 집엔 들르라 하시던 거제도 의포중학교 김익조 선생님, 몰골의 불청객을 환대해 주신 정애 선배님의 가족들, 홀애비의 멋진 파트너 희숙 씨, 장기여행에 먹는 것이 제일 중요하다며 몸보신시켜 주시던 신화관광 신훈호 기사님, 식사 대접도 황송한데 기념 타올까지 넣어주신 어머님같이 느껴지던 38선 휴게소 기념품점 한경환 아주머니, 모진 마음으로 걷던 나를 눈물겹게 했던 양양 여고생의 정성 어린 보따리……

상상의 나래를 펴고 마음은 이미 구름 위에 있는데 오토바이 소리에 깨졌다. 관록(?)인지 익숙하게 검문에 응한다. 파출소를 거쳐 경찰서로 이송, 세 번째 당한 신고이건만 이번엔 임자(?) 만났다. 어머님 생신인데 집으로 긴급 조회가 두 번이나 갔으니 불효막심한 일이었다. 어쨌든 라스트는 멋있게 장식해야지.

엽서를 정리하고 내 사랑 설악의 품으로 들어섰다. 지긋지긋한 도로보다 백번 낫지. 피로도 일순에 씻어지는 듯 흥겹게 양폭까지 올랐다. 희운각에서 부산 누님 두 분과 동행하니 한결 수월하게 대청봉에 올랐다. 바람은 예나 지금이나 변함없건만 전과 달리 경건한 마음이라면 억지일까?

평생 마스코트 한 개를 장만했다. 산악인의 꽃 에델바이스가 그려진 목걸이에 '도보완주!'라고 겨우 기록했다. 객지에서 고생고생해 가며 지낸 8월을 여기서 마무리하자니 뜻깊다.

가장 많은 땀을 쏟았던 8월이여! 외로움의 8월이여! 아듀!

9월 3일. KAL기 피격에 약소국가의 원통한 마음으로 원통을 지나 조기가 게양된 인제에 도착, 쾌속정에 오르니 과연 허니문 코스로 각광받을 만한 소양강이 구비구비 돌아 숨는다. 14노트의 빠른 속력인데도 어째 거북이처럼 느껴진다. '과연 왔을까?' 초조한 마음으로 거의 7시가 되어 소양뱃터에 내리니 "와! 이거 누구야?" "웬 깜둥이야?" 명철, 승돈, 창신, 부현. 너무나 반가워 모닥불 피워놓고 소주잔 돌려가며 밤을 하얗게 새웠다. 덕분에 춘천까지는 배를 움켜쥐고 강촌까지는 이를 악물어야 했다.

무리에다 긴장이 풀렸나 보다. 때맞춰 내리는 처량한 빗줄기에 처음으로 두려움이 엄습했다. 아스피린이 다섯 개나 들어간 뒤에야 겨우 정신을 차릴 수 있었다. 무거운 몸을 이끌고 경춘가도에 올라서니 간간히 들리는 기적 소리, 강 건너로 열차가 달린다. 가까우면 손이라도 흔들겠건만.

많고 많은 사연의 강원도를 뒤로 하며 가평에 도착했다. 상천천에서 완전히 컨디션 회복하고 청평, 대성리를 단숨에 지났다.

마석 마치고개를 넘으니 한양도 다 온 듯. 아. 시내버스! 이제 시인이 다 되었나 보다. 하긴 꼭 50일 만이니. 7일 7시 52분 마침내 서울땅에 들어섰다. 중랑교, 청량리, 숭인동, 신당동, 학교까지 배낭 한 번 안 내리고 달렸다. 흥분과 떨림 속에 교문을 들어서니 "와! 얘가 뉘 집 애니?" "너 정말 걸어 다녔나?" 귀에 익은 선배님의 목소리, 급우들에 둘러쌓여 피곤도 몰랐다. 지나온 51일이 믿기지 않을 정도로 꿈만 같다.

〈후기〉 4년 동안 정들었던 배낭, 등산화가 찢어지고 헤지도록 걷는 기계였으나 그래도 분단의 아픔을 몸소 느꼈으며, 쌀 한 톨이 있기까지의 노력을 보았으며, 무엇이든 할 수 있다는 자신감을 가지게 된 것만으로도 큰 수확이다. 작은 일이나마 달성했다는 기쁨도 크다. 땀 한 방울도 결코 헛되지 않았다고 자부하며 글재주가 없어 전달이 부족한 것 같아 아쉽다.

물심양면으로 도움을 주셨던 분들께 감사드리며 얼마 남지 않은 입대일(10월 7일)까지 바쁘게 지내련다. 밀린 데이트도 해 보고.

(편집자 주 : 이 글은 글쓴이가 입대하기 전에 보내온 것입니다. 글쓴이는 10월 7일 대한민국 육군에 입대, 지금 국토방위의 임무를 수행 중입니다.)

여행은 사람이다

〈50박51일 일정을 마치고 드디어 종착점인
단국대에 도착했을 때, 사진부 친구들이 흑백
필름으로 찍어준 사진이다〉

〈도보여행 당시 혼자 다니지만
만나고 지나치는 사람들은 많다〉

함께 하는 산행에서
그들의 참모습을 만난다

설악산이 무엇이기에 택시비까지 주셨을까?

여행을 떠나는 장소만큼이나 중요한 것이 있다. 누구랑 같이 가느냐이다. 같은 장소라도 혼자 갈 때 다르고, 가족과 갈 때 다르고, 친구나 동료들과 갈 때 또 다르다. 누구와 같이 가느냐에 따라 보는 것과 느끼는 것이 다르고, 얻는 것이 다르고, 추억이 달라진다. 친구나 동료들과 가는 단체여행은 또 다른 즐거움이 있다. 단체이니만큼 예기치 못한 황당한 일이나 재미있는 일이 벌어지기도 한다.

대학교 때 동아리 타임(TIME)에서 MT로 설악산 대청봉을 간 적이 있다. 1987년 여름이었다. 40명의 학우들과 버스를 대절해 지금은 동서울종합터미널로 이전한 당시 마장시외버스터미널에서 출발했다. 인제 원통을 지나 용대리에 내려 백담사 입구까지 이동했다. MT 때 보면 꼭 나중에 따로 오는 사람이 있다. 경영학과 후배 남준이 그랬다. 준이는 밤에야 혼자서 백담사 입구부터 걸어왔다. 그가 도착하자 기다리고 있던 우리는 환영의 박수를 쳐주었다.

"못 올 줄 알았어요. 그런데 MT를 설악산 대청봉으로 등산 간다고 하니까 아버지가 꼭 다녀오라며 택시비 왕창 챙겨주셨어요. 대청봉이 그렇게 좋은가요?"

준이는 대청봉이 무엇이기에 아버지가 이렇게 적극 보내주시나 의아했던 모양이었다.

"그럼, 엄청 좋지. 가보면 알게 될 거야."

학우들과의 산행을 위해 한정훈, 이범구와 함께 사전 예비 산행을 했다. 경기도에 있는 명지산을 오르며 체력과 보행법을 체크하고 팀워크도 조율했다. 지난 번 겨울에 영암 월출산을 오르며 함께 야영도 해 봤기에 지원조로 든든했다. 나머지 인원은 그야말로 산행 초보였다. 산행을 위해 야영장에서 모두 정시에 잠자리에 들었다. 다음 날 아침 각 조별로 식사를 마치고 산행을 시작했다. 텐트에 버너, 코펠, 식재료까지 모두 챙겨 가야 하기에 배낭의 무게가 상당했다. 산을 다녀본 친구가 없기 때문에 의욕만 앞선 친구들이 더 고생하는 것은 당연했다.

웃으며 이야기하며 어떻게 쌍폭까지 도착했다. 이제부터는 가파른 오르막길이라서 충분한 휴식시간을 가졌다. 인원들의 상태를 슬그머니 체크하고 있는데 누군가 폭포 아래 계곡으로 풍덩 뛰어들었다. 그러더니 너도나도 뛰어들어 계곡물에서 헤엄치기 시작했다. 원래는 그러면 안 되는데, 내가 등산로에서 다른 등산객들에게 양해를 구했다. 꿀맛 같은 휴식이 끝난 후에는 '죽음의 시간'이 기다리고 있으니 그 정도 이탈쯤이야.

봉정암까지 가파른 오르막길을 모두들 힘겹게 올랐다. 제일 우려했던 여학생 한 명을 챙기며 내가 선두에 섰다. 겨우 봉정암에 도착해 다시 휴식을 취했다. 친구들은 삼삼오오 모여 점심식사를 준비했고 식사 후 다시 조별로 챙기면서 대청봉을 향하여 발걸음을 옮겼다. 역시나 산행을 안 다녀본 학생들이기에 많이들 힘들어했다. 단체 예약을 해둔 대청대피소에 먼저 도착해서 일찍 온 두 명과 함께 식사 준비를 했다. 다음 날 아침 설악산 아침 운해의 장엄한 풍광에 피로는 잊고 다들 놀라워했다.

설악동으로 하산하는 길, 양폭산장부터 낙오되는 여학생을 교대로 업어가면서 하산을 했다. 모두가 하나가 되어 무사히 산행을 마쳤다. 설악해수욕장에서 해수욕을 즐기며 산행의 피로를 씻었다.

MT 마지막 날, 각자 느낀 소감을 나누는 강평회 시간이 되자 모두 난리가 났다. 같은 고생을 하고 같은 즐거움을 느끼고 같은 피로

여행은 사람이다

를 느꼈기에 서로 공감하며 할 이야기가 많았기 때문이다. 그렇게 동지애가 생기는 것이리라.

"태어나서 이런 고생 처음 해 봤어요. 그런데 그것 이상 보람이 크고 좋았어요!"

함께 산에 오르면 왜 동지애가 생기는 걸까?

한창 산에 다닐 때 이런 소망을 품었던 적이 있다.

'직장생활을 하면서 근무시간에 산에 오르면 얼마나 행복할까?'

그게 현실이 된 적이 있다. YF(영 프론티어) 6기와 7기의 강화 연수를 위해 설악산 대청봉을 무박2일 일정으로 야간 산행을 간 것이다. YF는 신한은행의 인재 제도다. 혁신과 창조를 기본이념으로 도전, 탐구, 봉사, 창조를 실천 가치로 삼고 연수와 영업점 개점 지원, 사회봉사 등으로 활발하게 활동한다. 고객지원부 고두림 팀장과 김차열 대리가 선두에 서고 나는 무전기 들고 제일 후미를 맡았다. 혹시 뒤처지는 동료가 발생하면 같이 올라가기 위해서였다.

산행 일정을 확정하기 전부터 고두림 팀장은 YF들을 이끌고 가야 하는데 자신이 낙오될까 봐 걱정이 많았다. 몇 번이고 전체 코스에 대해 물었다.

"괜찮아요. 단체로 올라가니 천천히 꾸준히 올라가면 무난하게 전원 다 올라갈 수 있어요."

대학교 때 아무것도 모르는 40명의 후배들을 이끌고 2박3일 일정으로 내설악─외설악 코스를 완주한 경험이 있었기 때문에 나는 사실 자신감이 넘쳤다. 전체 코스 설명하면서 "걱정하지 마시라"고 안심시켰다. 이번에는 당일 산행이라 배낭도 가볍지 않은가. 고 팀장의 걱정과 다르게 모두가 무사히 대청봉 정상에 올랐다.

근무시간에 설악산 대청봉을 넘어 비선대 계곡으로 하산하고 있으니, 한때 소망했던 장면이 현실이 된 것에 저절로 흥겨워 신바람이 났다. 앞서거니 뒤서거니 하며 걷고 있는 YF들을 보니 나만큼 발걸음이 가볍지 않았다. 대부분 산행을 안 해 본 친구들인 데다가 야간 산행으로 대청봉을 넘었으니 고생이 많았다. 조직의 쓴맛(?)을 제대로 느꼈을 것이다.

오르기 전 한데 모여 외쳤던 YF의 구호가 완주를 마치자 다시 외쳐졌다.

"미래를 위하여!"

산행을 데리고 가면 많이 듣는 말이 있다.

"너무 힘들었다. 하지만 정말 고맙다. 이런 경험을 할 수 있어서."

나는 더 많은 사람들이 등산의 이 마음을 느껴봤으면 하는 바람을 갖고 있다.

여행은 사람이다

'우리 지점장님 좀 말려줘'
함께 오른 월출산과 삼악산

산에 같이 가자는 상사, 그게 바로 나올시다

1년 2회 정도 체육행사를 하는데 그중 한 번은 산행하는 것을 선호한다. 산행을 피해야 하는 사람이 있다면 모르지만 웬만하면 같이 걸으며 좋은 풍광을 보고, 함께 땀 흘리는 것도 좋은 경험이 된다고 생각한다. 또한 산행을 하며 나누는 대화는 더 친밀해지게 하는 힘이 있다. 젊은 직장인들이 꺼려하는 조직 활동 중 하나 '전직원 등산야유회'라고 한다. 그리고 싫어하는 상사는 '주말에 산에 같이 가자고 하는 상사'라고 한다. 그동안 동료들과 산에 많이 다녔는데 대부분은 "힘들었지만 좋은 경험이었어요. 다음에도 또 가고 싶어요."

라고 한다. 상사나 선배에게 불만을 표시하기 어려워서 그랬을 수도 있겠지만 말이다. 나서기 귀찮고 산에 오르는 것은 힘들 것 같기 때문에 꺼리지만, 수없이 많이 단체 산행을 이끌었는데 산행 후 후회하는 경우는 보지 못했다.

2011년 9월 17일 소수정예의 광주기업금융센터 전직원들과 월출산 종주에 나섰던 적이 있다. 호남 지역 어느 지점에서도 성공한 적이 없는 무리한 코스라며 다른 지점장들이 걱정하면서 말렸다. 지금까지 인솔했던 산행 모두 무사히 잘 마친 경험을 갖고 있었고, 함께 오르는 사람들도 믿음이 갔기에 취소할 이유가 없었다. 문제는 이상고온으로 기온이 30도가 넘어 거의 한여름 산행이 되었다는 사실이다. 능선 막바지에서 준비한 물이 모두 바닥이 났고 직원 한 명이 들고 있던 캔커피 한 통이 유일한 음료였다. 다들 어찌나 그 캔커피에 예사롭지 않은 시선을 보내는지. 결국 캔커피 주인이 뚜껑을 따고 돌아가면서 모두 한 모금씩 나눠 마셨다. 그때 지상에서 제일 맛있는 커피를 맛보았다.

산에서는 걷는 속도가 가장 중요하다. 여럿이 함께 갈 때는 전체 인원이 낙오 없이 걷는 것이 더 중요하다. 많이 뒤처지면 피로감을 더 느끼고 낙오될 확률이 더 높아진다. 나는 언제나 그렇듯 제일 뒤처지는 사람과 함께 걸었다. 뒤처지고 있다는 스트레스를 받지 않도록 다독여주면서 천천히 꾸준히 걷는 것이 최상의 산행 리더십이다.

여행은 사람이다

힘들어하는 동료도 있었으나 모두 잘 참고 모두가 도갑사까지 완주할 수 있었다. 걱정했던 홍일점 김지나 님은 오히려 지친 기색도 없이 잘 걸었다. 걱정하며 말렸던 이들에게 보란 듯이 모두가 거뜬하게 완주해 내 어깨가 으쓱해지는 기분이 들었다. 이때 동료들 산행 사진을 포토북으로 만들어 모두에게 한 권씩 주었다. 함께 했던 산행이 더 뜻 깊게 기억될 수 있게 되었다.

〈영암 월출산 정상(809m) 및 종주 산행. 천황사-구름다리-천황봉-구정봉-미황재-도갑사
(오른쪽부터 나, 이재규, 김경호, 오용근, 박종수, 김경태, 김지나, 김선진)〉

"비가 오면 산행을 취소하시겠지?"

일이 힘들기로 악명 높은 동대문지점에 부임하면서 가장 신경 썼던 것은 직원들의 체력과 피로도였다. 등산은 컨디션을 조절하고 체력을 키우기에 대단히 좋은 활동이다. 그런데 직원들과 이야기를 나누어보니 역시 산을 좋아하는 친구는 극히 소수였다.

"산행이요? 학교나 은행에서 단체로 갈 때 가본 기억 외에는 없는데…….."

직원들에게 산행의 즐거움과 이득을 알려주고 싶어 나름 생각해서 가을체육행사로 산행을 하기로 했다. 버스를 대절해서 왕복 3시간 이내 거리에 있는, 산행시간 4시간 내외의, 경치가 아름다운 곳을 선별해 강촌 삼악산으로 결정했다.

출발 이틀 전 직원들이 이런 대화를 나누는 것을 우연히 들었다.

"산에 가는 날, 일기예보에서 비가 많이 온다고 하던데, 그러면 산행이 취소되겠지?"

등산 약속은 언제나 전천후다. 비가 와도 출발하고, 눈이 와도 출발한다. 일기예보가 그렇다고 하니, 취소는 없고 우중산행이 될 수 있으니 준비를 단단히 하라고 부지점장에게 당부했다.

예보대로 산행 날 비가 왔다. 부지점장이 태풍 속에 걸어도 끄떡없을 정도로 준비를 해놓은 덕분에 모두들 완벽한 복장을 챙길 수

여행은 사람이다

있었다. 가을 단풍이 아름답게 쌓인 삼악산의 길을 걷기 시작했다. 등선폭포를 지나 그대로 나아갔다. 비에 젖어 미끄러운 바위 길에서 서로 손잡아주며 챙겼다. 다행히 하산할 때 비가 그치면서 의암호 절경과 마주할 수 있었다. 삼악산에서 볼 수 있는 최고의 장면 중 하나인 춘천호반과 낮게 드리워진 운해에 다들 넋을 놓았다.

힘들기로 소문난 동대문지점에 억지로 등산을 끌고 가는 지점장이 있다는 악명을 얻지나 않을까, 살짝 걱정이 되었다. 하지만 직원들의 표정을 보니 괜한 걱정이구나 싶었다. 산행을 마치고 지역 대표 음식 춘천닭갈비로 회식을 시작하자 모두가 즐거워 보였다. 술이라면 꽁무니를 빼던 막내직원들이 그날따라 술병을 들고 다니면서 술잔을 채워주었다.

"덕분에 산행을 잘 마쳤어요."

"바위에서 잡아주셔서 감사합니다."라면서 서로가 인사를 건네는 모습이 참 예뻐 보였다.

다음 날 출근하니 직원들 모두 더욱 정겹다. 서로가 살갑게 인사를 나눈다. 산행 후 지점 분위기는 완전히 일신되었다. 서로 챙겨주면서 함께 올랐던 산행 덕분이라고 '등산을 좋아하는 상사'는 믿는다. 이렇게 더불어 가는 것이다.

〈삼악산 정상을 오른 후 다행히 하산 길에는 비가 그쳤고 비 덕분에 의암호수 운해가 더 짙다〉

분당에서 이천까지,
아이들의 백 리 길 도보여행

대학 시절 걸어서 전국일주를 했다는 이야기를 간혹 들려줬더니 흥미진진하게 듣던 딸아이가 하루는 걷기여행을 가자고 졸랐다.

"아빠, 우리 같이 걷기여행 가요. 대전까지? 부산까지?"

이야기로 듣는 것은 쉽고 재미있겠지만 도보여행은 쉬운 것이 아니다. 쉽지 않은 것이라고 말해도 졸랐다. 그래서 하루 정도만 걸어서 여행을 가자고 약속을 했다. 신이 난 딸은 오빠도 끼워 주자고 한다.

"좋아요! 오빠는 깍두기로 끼워줄게."

아내와 셋째 아이도 함께 갔으면 가족 도보여행이 되었을 텐데 아내는 집에 남아 아픈 셋째를 돌보기로 했다. 나는 아이 둘을 데리고 어린이날 아침 일찍 분당 야탑동을 출발하여 3번 국도를 따라 걷기 시작했다. 갈마터널 안을 지날 때는 아이들도 나도 고역이었다. 차량에서 뿜어대는 매연과 소음으로 걸어서 통과하기에 아주 고약한 길이다. 그래도 어쩌랴 어차피 가야만 하는 길이다. 목표대로 여행하려면 점심까지 곤지암에 가야만 했다. 여행의 후반은 반드시 지치고 힘들게 된다. 미리 시간 계획을 잘 세우고 이행해야만 후반전 고생이 덜하다. 안 그러면 중도하차하게 된다.

여섯 시간을 걸어 드디어 곤지암에 도착했다. 소머리국밥으로 유명한 곳이기에 점심식사는 당연히 소머리국밥으로 주문했다. 와! 초등학생들이 어른보다 맛있게 더 많이 먹는다. 역시 오랫동안 걷고 운동량 많으니 시장이 반찬이라 금세 한 그릇을 비웠다. 열심히 걸었고 열심히 또 걸어가야 하니 제대로 잘 쉬어야 한다. 그래서 아이들을 끌고 PC방으로 갔다. 게임을 하면서 쉬니까 아이들이 너무나 좋아했다. 그 좋아하는 모습에 1등 아빠가 된 기분이었다.

며칠 전부터 아이들에게 계속 다짐을 받았었다.

"도보여행은 쉬운 것 아니야. 할 수 있겠어? 단단하게 마음먹고 걸어야 한다."

아이들은 할 수 있다고 약속했지만 역시 시간이 지나면서 걸음이 뒤처지기 시작했다. 하루 종일 도로를 따라 걷는 것은 어른에게

여행은 사람이다

도 매우 부담스러운 것이라 걱정이 되었다. 그래도 이왕 목표를 세워 시작한 일이니 꼭 달성해야지, 포기하면 모두가 실망스러울 것이기에 안쓰러운 마음을 다잡으며 아이들을 격려하여 나란히 걸었다. 아이들 상태를 보니 조금만 힘내면 완주가 가능했다. 대견했다. 마침내 이천 시내에 도착했다.

"오늘 꼭 40킬로미터를 걸었어. 분당 야탑에서 이천까지 백 리 길이야. 아들딸, 엄청 장하네!"

기특한 마음에 아이들 등을 토닥이며 차례로 안아주었다. 저녁 식사는 아이들이 원하는 대로 햄버거 가게에서 맛있게 먹었다. 평생 기억에 남을 어린이날이 되었을 듯싶다.

아이들이 〈월간 산〉과 〈소년 중앙〉에 실린 나의 전국일주 기행문을 돌려가며 재미있게 보더니만, 도보여행이 꽤 낭만적이고 즐겁게 느꼈었나 보다. 현실의 도보여행은 재미있지만은 않으며, 힘들다는 것을 느꼈을 것이다.

뇌성마비로 이날 함께 걷지 못한 셋째는 지난 겨울 하늘나라로 떠났다. 여행을 가게 될 때는 최대한 방법을 써서 함께 다녔지만 다른 아이들에 비해 추억할 여행이 적다. 이제 셋째 아이는 자유롭게 걷고 뛰며 가고 싶은 곳 어디든지 여행하고 있을 것이라 생각한다.

〈아이들은 어디든지 떠나는 것을 신나 한다. 도보여행 한 달 전 치악산 정상(1,288m)을 두 아이와 올랐다〉

걸어 오를 수 있는 가장 높은 곳,
킬리만자로

아이들이 어릴 때부터 함께 여행을 많이 다녔기 때문에 함께 여행을 떠나는 것이 비교적 수월한 편이다. 아들 두호와 함께 킬리만자로 트레킹을 계획할 때도 그랬다. 내가 웰프로 휴가를 사용해 킬리만자로 트레킹을 함께 가자고 하니, 그때 스무 살인 두호도 덥석 같이 가겠다면서 환영했다. 사파리 투어와 마사이족 마을 방문 일정을 포함한 11박12일 여행을 두호와 함께 다녀왔다.

킬리만자로는 적도 바로 아래에 있기에 전문 장비를 갖추지 않고 일반인이 걸어서 올라갈 수 있는 세계에서 가장 높은 곳이다. 킬리만자로에는 시라, 마웬지, 키보, 이렇게 세 개의 봉우리가 있다.

그중 가장 높은 것이 키보다. 키보의 꼭대기 지점이 우후르 피크 (5,895미터)이다. 킬리만자로 산의 정상이다. 정상은 빙하지대로 만 년설이 쌓여 있다. 하지만 지구온난화로 계속 녹아 없어지는 중이 라 10년에서 20년 이내에 모두 사라질 것이라고 한다. 너무나 안타 까운 일이다.

히말라야에서도 산행을 도와주는 포터가 있듯이, 킬리만자로에 도 포터가 산행에 큰 도움을 준다. 이들은 히말라야 포터와는 달리 짐을 머리에 진다. 트레킹 중 '문제 없다' '모든 일이 잘 될 거다'라 는 의미의 스와힐리어 하쿠나 마타타라는 말도 배웠다. 산행 후 케 냐의 암보셀리 국립공원에서 사파리 투어를 했다. 광활한 대지에서 TV로만 보았던 동물들의 모습에서 눈을 뗄 수가 없었다.

아프리카이기 때문에 더울 것이라고 생각하는데, 버려야 할 선 입견 중 하나이다. 킬리만자로 트레킹 중 추워서 떤 시간이 더 많았 다. 케냐의 수도 나이로비는 해발 1,700미터로 설악산 대청봉 정상 과 비슷한 높이다. 고지대이기에 매우 시원하다 못해 춥기까지 하 다. 등산 트레킹 중에는 2,700미터~5,895미터의 산 속에서 생활하 기 때문에 추위에 대비한 준비를 해야 한다.

아이들과 여행하면서 느끼는 가장 큰 장점은 대화도 더 많이 나 눌 수 있고, 더 깊게 소통할 수 있다는 점이다. 평소에도 아이들과 대화가 적지 않다. 그런데 킬리만자로 트레킹을 하면서 두호와 나

눈 대화는 최근 10년간 나눈 것보다 더 많았다. 언제 이렇게 컸지? 싶은 마음에 든든해졌다. 킬리만자로 트레킹 내내 날씨는 매우 좋았고, 아들과의 시간은 값지고 의미 있었다.

"멋지고 대단한 트레킹과 두호, 모두 고맙습니다. 하쿠나 마타타!"

〈전문산악인 유학재 대장과 동행.
제일 나이가 어렸던 두호를 더 각별히 챙겨주면서 좋은 말씀 잘 들었습니다. 고맙습니다〉

〈세계 각국의 친구들과 만나는 것
은 여행의 또 다른 즐거움이다〉

〈산행 직전 클라이밍 포인트에서
두호와 함께 기념촬영을 했다. 한
여름인데도 오리털파카를 입어야
했다〉

〈멀리 백년설이 쌓인 키보 정상이
보인다. 주변에 자이언트 세네시
오네 군락도 눈길을 끌었다〉

Travel is people

• 11 •

나를 찾아오는 이들을 통해
떠나는 여행

나의 인생 2막이 궁금해서 찾아온 이들

2016년 게스트하우스를 막 시작한 즈음에 울산방송의 방송작가에게서 전화가 왔다. 〈올드보이가 간다〉라는 특집방송의 출연 섭외를 하는 내용이었다. 그동안 EBS 〈한국기행〉, MBC 경남의 〈그레이트 지리산 – 나의 지리산을 소개합니다〉 등의 지리산이나 산행 관련 프로그램에 출연한 적이 있었다. 그런데 〈올드보이가 간다〉는 그와는 다른 콘셉트였다. 〈올드보이가 간다〉는 오랫동안 근무한 전직을 마치고 새로운 도전을 하는 사람들을 주인공으로 인생 2막을 함께 생각하는 프로그램이라고 했다. 이 프로그램에 최희암 전 연세대학교 농구감독도 출연했었다. 서장훈 강동희 우지원 등 연세대학교 농구 신드롬을 일으켰던 그는 지금은 어엿한 사업가로 변신했다. 그런 이야기를 소개하는 프로그램이다.

'퇴직 후, 은퇴 후 무엇을 하고 사나?'

이는 모든 직장인들이 고민하는 문제이다. 나는 24년 동안의 은행원으로서의 직장 생활을 마치고 짧은 6년 동안 욕심 많게도 내가 하고 싶었던 일들을 모두 경험했다. 치킨 가게, 세계맥주 가게, 편의점 등을 직접 운영했다. 작은 규모였지만 제조업까지 해봤다. 모두 실패했다. 더 정확히 말하면 '완전히 망했다'이다. 사람들에겐 그냥 '수업료를 톡톡하게 지불했다'고 얼버무렸지만 엄청나게 마음고생을 했다.

"당신 그래도 경영학도이잖아. 사업 한 번 원 없이 해 보는 것도 좋아!"

계속 일을 벌이고 실패하며 말아먹는 나에게 용기를 북돋아 말해주는 아내의 이해와 격려 덕분에 살았다. 아내에게 정말 고맙다.

방송 주제가 인생 후반전을 치열하게 사는 이들에 대한 것이니 지리산에 와서 2막을 새롭게 시작해 고군분투하고 있는 나의 이야기가 적합하기는 했다. 그런데 〈올드보이가 간다〉 방송작가에게 전화를 받았을 때 이제 막 게스트하우스를 시작하는 시점이라 매우 어수선하고 자리가 잡히질 않은 상태였다. 그리고 나를 정확하게

여행은 사람이다

취재하려면 지리산과 함께 이야기가 되어야 시청자가 납득할 수 있을 것이라고 생각했다. 그래서 노고단과 반야봉, 지리산 둘레길, 솔봉 등을 직접 걸으면서 촬영해야 하는데 촬영팀에게 무리가 되는 것은 아닌지 걱정이 되었다. 게스트하우스의 상황에 작가는 오히려 그 부분 때문에 더 완성도가 높은 것이라고 했고 촬영팀도 승낙해 3박4일 동안 힘들게 산행하면서 촬영을 진행했다. 새벽 산행과 우중 산행까지, 변화무쌍한 지리산의 날씨 덕분에 작품 완성도는 더 좋아졌다.

조카 재환이 덕분에 찾아오는 방문객들

지리산에 온 지 3년이 지나 새롭게 시작하는 노고단게스트하우스의 오픈식을 소박하게 마련했다. 지리산 주변 친구들이 축하해 주기 위해 모였다. 서울에서는 장모님을 모시고 처가 식구들이 와주었다. 지금은 워너원 리드싱어로 유명해진 조카 재환이도 함께 왔다. 재환이는 이날 어른들이 신청하는 예전 노래도 넉살스럽게 척척 불러주며 '잔칫날'의 즐거움을 더해주었다. SBS 〈보컬 전쟁-신의 목소리〉로 이미 제법 알려진 실력이었지만 라이브로 듣고 있자니 모두들 절로 흥이 났다.

종종 재환의 팬클럽인 윈드(WIND) 분들이 어떻게 알았는지 노고단 게스트하우스를 방문할 때가 있다. 그래서 게스트하우스 한쪽 벽면에 재환이 팬들을 위한 작은 공간을 마련해 두고, 워너원의 노래도 즐겨 틀어놓는다. 워너원이나 재환이 팬 분들이 이런 질문을 자주한다.

"재환이 고모도 예쁘시고 노래도 잘하시겠어요? 재환이 아버님도 미남이시던데요."

"아니요. 전혀 안 닮았어요. 예외라는 게 있잖아요. 돌연변이처럼요."

우리 집사람만 빼곤 처갓집 형제자매들 모두 노래를 잘한다. 물론 재환이 아빠도 잘한다. 우리 안방마님은 정말 연구대상이다. 게스트하우스에 워너원 노래를 계속 틀어놓는데 아이돌 가수를 잘 모르는 분들은 지리산에서 울리는 신세대 음악을 의아해하기도 한다. 워너원의 재환이가 조카라고 자랑하면 모두들 "자랑스러운 조카를 두셨네요. 축하드려요."라며 인사를 건넨다. 재환이 덕분에 평생 관심도 없었던 아이돌 음악을 듣고 대형 콘서트도 가보았다. 고척스카이돔에서 열린 워너원 마지막 공연, 훌쩍 성장한 워너원을 보니 개인연습생으로 고생 많았던 재환이의 모습이 떠올라 코끝이 찡해졌다. 워너원의 막내 대휘까지 11명 모두 예쁜 내 자식들처럼 느껴진다. 한 팀으로 함께 노력하면서 고생한 덕분에 역사에 남을 아름다운 팀이 된 것을 가까이서 지켜보았다. 팀을 떠나 단독으로 새로운 시작을 하는 김재환과 워너원 모두에게 행운과 사랑이 따르길 바란다. 그리고 아빠 세대가 열광했던 산울림이나 ABBA처럼 영원히 기억되길 바란다.

워너원이 신한은행 광고 모델을 한 적이 있다. 만약 내가 신한은행에서 아직 근무했더라면 아마 워너원을 사랑하는 워너블은 물론 신한은행 직원들 관심을 한몸에 받았을 터인데, 이때만큼은 퇴직한 것을 후회했다.

지리산으로 내려온 지 6년이 되었다. 시간이 참 빠르다. 오랜만에 뵙는 분들이 "어, 시골사람 다 되었네?"라고 말씀하실 때마다 기분이 엄청 좋다. 지리산 현지인이 되었다는 것이 너무 좋다. 이렇게 좋아하는 지리산자락에 게스트하우스를 열고 매일 지리산을 오를 수 있게 된 것도 행복하다. 그래도 어디론가 여행을 떠나고 싶은 마음이 늘 가슴 한편에 있다. 하지만 아직은 엄두도 내지 못한다. 여행을 가지 못하지만 다양한 여행자들을 만나게 되었다. 그들을 만날 때마다 새로운 여행을 하게 된다. 그들을 통해 나 역시 여행자가 된다.

〈노고단게스트하우스 오픈식에 참여한 재환이 가족〉

〈워너원을 떠나 새롭게 홀로 도전하는 재환이에게 이강희 화백의 선물〉

〈MBC 경남의 '그레이트 지리산'에서 공개한 젊은 시절 나의 모습.
지리산에서 찍은 사진이 유독 많아 취재팀에서 인상 깊어 했다〉

〈워너원의 마지막 공연에서 재환이를 만났다. 새로운 시작을 하는
워너원의 모든 멤버들에게 많은 사랑과 행운이 따르길 빈다〉

치열하지만 신나는 금융맨의
세계로 안내합니다

- 인생 전반전을 불태운 신한은행 이야기

"팀장 직함 넣어
명함을 만들어주세요!"

성남지점에 근무하는 시절 섭외전담반에 지원했다. 역삼동지점 행원 시절 섭외전담반 선배들의 역할과 활약을 지켜보았기에 꼭 하고 싶었던 일이었다. 섭외전담반은 새로운 거래처를 유치하는 목적으로 운영하는, 즉 은행의 영토 확장을 위해 활약하는 '별동대' 조직이라 할 수 있다. 선발된 섭외전담요원 40명 중 나는 가장 막내였다. 섭외전담반 구성원은 부지점장급의 차장과 고참 대리들(당시에는 지점장–차장–대리–행원의 구성으로 부지점장과 과장 직급이 없었다)이었다. 그렇게 1997년 한 해 동안 섭외전담반으로 활동했고 나는 신한은행의 마지막 섭외전담 요원이었다.

업체를 처음 방문해 영업하는 것은 쉽지 않다. 첫 업체 방문 때 '대리' 직함의 명함을 내밀었을 때 담당자의 표정이 썩 좋지 않은 것을 언뜻 보았다. 지점으로 돌아와 지점장님에게 '섭외팀장'이라는 직함으로 새 명함을 만들어달라고 했다. 섭외팀장이란 직급은 없지만 영업 업무에 걸맞은 직함으로 명함이 필요했기 때문이다.

나는 지점 내 적극적인 격려와 지원을 받으며 경기도 성남과 광주 지역을 돌아다녔다. 특히 성남공단을 집중적으로 공략했다. 성남상공회의소에서 발간한 공단 지도와 입주업체 명단을 들고 업체를 한 곳 한 곳 체크해 가며 공단 구석구석을 돌았다. 성과 없이 빈손으로 돌아오는 날이 대부분이었다. 그럼에도 문을 열고 지점에 들어설 때면 따뜻하게 반겨주는 동료들이 너무도 고마웠다. 장봉기 지점장과 윤명기 차장, 이건휘, 박명환, 한상국, 윤영호, 오한섭 등 상사와 동료들의 적극적인 지원이 있었다. 그 덕분에 은행 생활 중 가장 알찬 경험을 하며, 결과적으로도 우수한 실적을 내고 마지막 섭외전담요원 역할을 화려하게 마칠 수 있었다. 나 개인적으로는 외부섭외를 체계적으로 배우는 너무 소중한 경험이었다.

지점에서 기존 거래처 파리크라상, 샤니, 선일기계, 아비코, 반포텍, 성문전자, 항진산업 등 우량 거래처의 거래기반 확대에도 적극 참여하였다. 당시 성남 지역 최고의 우량기업 삼영전자공업, 에이스침대, 소예산업, 풍국산업, 성남전자공업, 동경엘렉트론코리아 등 초우량 기업을 신규 유치에 성공하며 탁월한 실적으로 마무리하였다. 1997년 연말 IMF 외환위기 발생으로 은행 내 섭외전담반 제도는 폐지되었다. 이제 신한은행 내 역사의 한 페이지로 남기며, 나는 마지막 섭외전담직원이었음을 아직도 자랑스럽게 생각한다.

'아프리카에서 신발 팔기' 이야기는 영업교육받을 때 흔히 듣는 사례이다. 내용은 이렇다. 한 회사에서 새로운 시장을 개척하여 신발 매출 증대를 목적으로 아프리카에 영업사원 2명을 파견했다. 현장 출장을 마치고 돌아온 A는 보고서에 이렇게 적었다.

"신규 시장 가능성 없음. 이곳 아프리카 사람들은 신발을 신지 않음."

B는 이렇게 보고했다.

"매우 가능성 큰 시장임. 아프리카 사람들은 신발을 신지 않고 있으므로 그들 중 단 몇 퍼센트만 신을 신게 해도 굉장히 큰 새로운 시장을 열 수 있음."

관점은 다를 수 있다. 이 두 보고 중 나는 후자를 좋아했다. 그래서 신설 점포가 좋았다. 백지장 위에서 이제 막 써내려가는 곳, 새로 만들어 가는 그 느낌이 너무 좋았다. 그래서 1991년 신설인 성남지점에 용감하게 지원했고 나의 인사기록카드에는 늘 '신규 점포 개점 요원으로 지원 희망합니다'라고 적었다.

1996년 책임자로 승진하면서 다시 성남지점에 근무하게 되니 감회가 새로웠다. 섭외전담직원 업무를 수행하면서 전혀 거래가 없는 기업들을 상대로 방문 섭외를 진행하면서, 은행원으로서 생생한 현장의 목소리 그리고 신규섭외의 새로운 기술을 배울 수 있었다. 정말 고마운 경험이었고 계속 기업금융 RM(Relationship Manager) 업무를 맡으며 이후에도 유용하게 활용할 수 있었다.

초우량 기업을
고객으로 유치한 비결

성남 지역의 삼영전자공업은 IMF 외환위기 시절인 1997년 우리 나라 주식시장에서 주가가 제일 높았던 기업이다. 당시 거래 현황판에 10만 원대가 넘는 주식은 삼영전자가 유일했다. 대외적으로 널리 알려진 기업은 아니지만 내실이 알찬 초우량기업이었다. 나는 일찍부터 삼영전자를 눈여겨보고 있었다. 성남지점 창설 멤버로 근무하면서 삼영전자와의 거래를 꼭 유치하고 싶은 바람이 있었고 섭외전담 요원으로 삼영전자를 목표에 두고 있었다. '신한은행이 성남지점을 두고 있는 한 삼영전자와는 무조건 파트너가 되어야 하며, 그것이 신한은행 성남지점의 위상이 서는 것'이 나의 지론이었다. 삼영전자의 주거래 은행은 H은행이었으므로 신한은행을 거래 실적 2위의 부거래 은행으로 만들겠다는 목표를 세웠다.

오랫동안 삼영전자에 대해 지켜보며 공부하고 있었으니 영업만 하면 되었다. 그러나 삼영전자를 뚫고 들어가는 것은 예상했던 것보다 더 어려웠다. 경리과 직원들은 고사하고 수위실 통과부터 난코스였다. 거래가 없는 기업을 유치할 때 가장 어려운 것 중 하나가 첫 접점을 찾아 뚫고 들어가는 일이다. 자금이 필요한 업체라면 비교적 쉽게 진행할 수 있지만 여신이 전혀 필요 없는 기업이라면 기업 입장에서는 추가로 은행 거래를 늘릴 이유가 없다. 관리 업무만 늘어나기 때문이다. 그러니 그런 기업이라면 새로운 은행과 거래할 무언가를 제시해야 한다. 우리는 삼영전자에서 '정말 우리와 파트너가 되고 싶어 하는구나'를 느낄 수 있도록 진심이 담긴 파격적인 무언가를 제안해야 했다.

당시에는 기준금리(프라임 레이트)에 가산금리를 더하여 최종 적용금리가 결정되었는데(기준금리+가산금리=적용금리) 삼성전자는 가산금리의 적용이 없는 우대금리를 받고 있었다(기준금리+가산금리 0). 나는 본점 승인을 받아 삼영전자에 삼성전자와 똑같은 조건으로 금리를 제안했다.

삼영전자를 설득하는 것만큼이나 본점 여신 심사부에 사전 협의 과정도 쉽지 않았다. 당연히 은행 내에서 최고의 신용등급이 나

여행은 사람이다

오니 이렇게 우량한 기업이 있다는 데 놀랐지만 승인은 쉽게 내주지 않았다. 거래가 없던 첫 거래업체에 거액 신용여신이며, 또한 삼성전자 수준의 금리로는 승인이 불가하다며 난색을 표했다. 당연했다. 이때 장봉기 지점장과 윤명기 차장이 본점 여신위원회 위원들을 적극 설득했다. 이인호 전무 역시 지원에 나섰다. H은행 경력이 있던 이인호 전무는 삼영전자에 대해 잘 알고 있었고 삼영전자의 본사가 종로에 있던 시절 종로 지점장으로 근무하며 신규 유치를 오랫동안 시도했었다.

내부적으로 본점 승인을 마친 후, 삼영전자를 방문했다.

"지키지 못할 것을 괜히 의욕만 앞세워 제안하지 마세요."

하지만 삼영전자는 점잖게 거절했다. 하지만 물러설 내가 아니다. 한발 더 나아가 아예 정식 공문서로 제안서를 제출했다. 어떤 담보도 없이 신용으로 200억 원을 말이다. 삼영전자가 신한은행과 거래를 트지 않을 이유가 없게 되었다.

삼영전자와 신규거래 최종 협의를 마치고 돌아오는 차 안에서 한숨을 돌리자니 지나온 나날들이 주마등처럼 스쳤다. 영업사원들이 느낄 수 있는 최고의 순간이다. 장봉기 지점장이 고생 많았다며 치하하는데 눈물이 핑하고 돌았다. 생산직 현장에서 주야간 교대 근무를 하면서 고생한 여동생이 떠올랐기 때문이다. 사실 여동생은 삼영전자에서 생산직 여공으로 밤새워 일하며 나의 대학등록금을 마련해 주었다. 동생이 다니는 고마운 회사였고 그만큼 잘 알고 믿음을 가지고 있었다. 이건 20여 년이 지난 지금에서야 처음으로 밝히는 이야기다.

신규 거래를 하는 데는 수많은 난관들이 생긴다. 그 과정에 어느한 가지라도 통과하지 못하면 새로운 거래처는 '물 건너가는 것'이다. 오랜 기간 암초를 하나씩 해결하면서 이제 거의 종점에 도달했다. 그런데 여신 한도 거래 약정까지 계약을 완료했는데 무슨 일인지 신규 실행은 없이 차일피일하고 있었다. 실질적인 실행 한도 내에서 신용장 오픈 등 실무적인 진행이 성사되어야 하는데 지지부진다시 날짜만 늘어지기에 나는 은행장님 비서실에 전화를 해 자초지종을 이야기한 뒤 말했다.

"행장님께서 업체를 한 번 방문해 주셨으면 좋겠습니다."

마침내 비서실로부터 행장님의 방문 확답 일정을 받았다. 이를 삼영전자에 알리니 난리가 났다. 라응찬 은행장님 방문에는 이인호 전무도 함께했다. 이 전무는 종로 지점장일 때 열심히 섭외했었는데 결실을 못 봤다며 이제 이렇게 뵈어서 더욱 영광이라며 인사를 했다. 그렇게 삼영전자와의 거래가 시작되었다. 수출입 신용장도 오픈하였다. 성남 지역 최고의 업체와 부거래 은행으로서 거래가 시작된 것이다.

훗날 이인호 전무가 은행장에 취임하자 삼영전자는 정기예금으로 축하 답례를 했다. 기업도 사람과 같다. 기업과 기업 사이에서도 호혜 원칙이 작용된다. 진심을 담아 잘해주면 그에 대한 응답을 받게 된다. 이것이 내가 RM 업무를 하며 매번 깨닫고 경험했던 것이다.

Business is people
• 03 •

'가장 바쁜 지점'의
팀워크가 만들어 낸 성과들

우리나라 침대 부문 타의 추종을 불허하는 랭킹 1위인 에이스 침대를 처음 방문할 때도 섭외팀장 명함을 들고 나갔다. 성남공단에 있는 에이스침대 경리부 사무실에서 안승만 부장을 만나 이야기를 나눠보니 워낙 자금에 여유가 있어 차입금 신규 의지 자체가 없었다. 게다가 충북 음성으로 본사를 이전하여 거리가 더 멀어졌다. 나는 방향을 180도 바꿨다. 마침 은행권에서 최초 도입되는 구매자금대출제도(어음으로 지급하던 대금을 거래은행의 융자로 납품업체에 현금으로 지급하는 방식)를 적극적으로 설득하면서 소개했다. 약속어음 제도의 보완책으로 새롭게 도입되는 상품이었다.

에이스침대와 신한은행은 각각 내부적 결정 완료되었고 마침내 에이스침대는 구매자금대출 약정을 은행권 최초로 실행하면서 신규 거래를 시작했다. 나는 음성 광혜원까지 쫓아다니면서 계약 등의 실무를 진행했다.

성남지점의 팀워크는 전국 최상이었다. 지점장을 필두로 한 방향으로 전력하는 지점 직원 모두가 정예 특공대원 수준이었다. 본점에 승인을 올리면 전 직원이 함께 매달려 승인 확정을 위해 회의하면서 정보를 공유했다. 장봉기 지점장과 윤명기 차장, 이건휘, 박명환, 한상국, 오한섭, 강상철 등은 각자 담당 위치에서 적극적인 지원을 아끼지 않았다. 그렇기에 승인을 신청하면 대부분 좋은 결과로 마무리되었다. 가장 바쁘고 업무가 힘든 지점이라는 악명(?)을 얻었지만 지점은 그만큼 강력한 에너지를 가지고 있었고 직원 모두는 서로를 의지하고 격려하면 분위기 또한 전국 최고였다고 자부한다.

각자 업무 역할 분담을 명확히 하며, 특히 섭외전담 직원인 나는 외부 신규섭외 접점을 잘 만들어 오면 내부 승인절차는 나머지 직원들이 모두 챙겨서 완료하니 정말 큰 도움을 받았다. 은행 생활 중 알찬 경험을 하며, 결과적으로도 탁월한 성적을 시현하며 마지막 섭외전담요원 역할을 화려하게 마칠 수 있었다. 개인적으로 외부섭외 업무를 체계적으로 배웠던 소중한 경험이었다.

기존 거래처인 파리바게트와 선일기계, 아비코, 반포텍, 항진산업 등 우량 거래처의 거래 기반 확대에도 적극 참여하였다. 신한은행 불모의 지역에 개점을 하여 기업 부문 1위의 자리를 차고 올라가는 데는 직원들의 신뢰와 단합이 매우 주요했다. 장봉기 지점장의 부드러운 리더십, 윤명기 차장의 마당발 능력, 심사역 경력의 책임자들 모두 능력자들이었다. 그런 그들의 지원을 받는 나는 행복한 영업사원이었다.

책임자들끼리 한 달에 한 번 모임을 가졌다. 번개처럼 모이는 이 모임은 운영방식이 특이했다. 모임 날짜는 하자고 하는 그날 당일이다. 모임 장소는 순서대로 돌아가는 책임자들의 집이었다. 메뉴는 배달 음식을 시켰다. 간식과 안주는 집 앞 슈퍼에서 사들고 갔다. 다른 직원의 집을 방문하는 것은 쉽지 않은 일이다. 이건 직원들이 얼마나 서로 신뢰하고 친밀하게 지냈는지 단적으로 알 수 있는 이야기다. 그때의 동료들을 만나면 이구동성으로 이야기한다.

"그때가 제일 좋았던 시절이었어요."

책임자들이 소통이 잘 되니 시간 절약도 되었다. 주간회의 등 회의에 쓰는 시간이 적고 화기애애한 분위기로 이루어지니 팀워크는 더욱 단단해졌다. 실적이 좋은 것은 당연한 것이었다.

여신 운영 원칙은 첫째 리스크 해지(Risk-hedge), 둘째 '남는 장사', 셋째 평판 리스크 관리(사회에 도움이 되는 거래)이다. 이 기준으로 여신 운영을 했고, 실제 은행 근무 24년 동안 승인 전행 여신 중 부실 여신 제로를 기록했다. 단 한 건도 부실 없이 여신 운영을 하는 것은 대단히 어려운 일이다. 그리고 신규 업체 섭외는 내가 생각해도 정말 탁월하게 해냈다. 여러 성과 덕분에 언제나 좋은 성과를 낼 수 있었다. 조금 이른 은퇴에 고민이 크지 않았던 데에는 이렇게 후회 없이 열정으로 항상 최선을 다했기 때문이었다.

〈성남지점 직원 체육행사〉

기업도 사람이다,
어려울 때의 도움은 잊지 않는다

소규모 창업으로 시작해 상장 대기업에 이르는 전 과정을 지켜볼 때가 있다. 나는 현장에서 직접 몇 차례 그 과정을 함께 경험했기에 그에 따른 금융 실무를 무리 없이 편안하게 진행할 수 있었다. 지금은 어엿한 중견 기업이 된 휴맥스(HUMAX)와의 인연에서도 그렇게 맺게 되었다. 벤처기업 1세대라 할 수 있는 휴맥스와의 첫 만남은 IMF 금융위기 직후였다. 그때 신한은행은 은행권 최초로 기업금융 전담 점포 분리하는 대대적인 구조개편을 하고 있었다. 따라서 경기도 용인에 있던 휴맥스도 리테일 지점에서 기업 전담 지점으로 이수관(은행 지점이 통폐합하여 다른 지점으로 거래 지점 코드 등 전산원장 정보를 넘기는 이관과 넘겨받는 수관)하면서 성남 기업금융 지점으로 거래를 옮겨오게 되었다.

휴맥스는 창사 이래 가장 어려웠던 시기를 거치고 있었다. 신제품 셋톱박스가 유럽 시장에서 소송에 휘말렸고 재무 상황은 악화되었다. 때문에 모든 은행에서 '관리기업'으로 분류되어 있어 우리 지점으로 이수관을 하지 않을 수도 있었다. 하지만 나는 이미 이 회사 정보를 알고 있었기에 오히려 적극적으로 챙겼고 우리 지점에서 거래가 시작되었다.

첫 만남에서 휴맥스의 박철 이사는 이런 변화를 상당히 부담스러워하면서 달갑지 않은 시선을 내비쳤다.

"전혀 모르는 지점으로 우리를 보냈어요? 왜 거래 점포를 바꿔야 하죠?"

"기업들의 거래를 더욱 세밀하게 도와주기 위해 이렇게 기업 거래만 전담하는 지점이 생겼어요. 앞으로 휴맥스도 차별화된 전문적인 거래를 하면 더 좋아질 겁니다."

서로 이야기를 나누면서 껄끄러운 감정은 풀어졌고 이내 편안하게 앞으로 회사 전반적인 상황에 대하여 말할 수 있었다.

은행의 여신관리부는 어려운 상황에 직면하여 정상적으로 대출 유지가 어려운 기업을 모아 별도로 관리하는 부서다. 휴맥스는 이곳에서 관리를 받고 있는 상황이었다. 지금까지 여신 거래를 계속 관리하고 축소해왔었다. 그러나 이번에 본점에 휴맥스의 신규 대출 승인을 신청했다.

"이 회사는 지금까지 모든 어려운 시기가 끝났습니다. 이제부터는 사업 실적이 획기적으로 개선될 겁니다. 알다시피 은행권에서 대출 운용은 후행적입니다."

회사의 실적이 개선되면서 좋아졌다면, 그 사실을 객관적인 자료로 확인하고 이어서 영업실적이 개선된 자료를 제출한 후에야 대출 신규 검토를 진행한다. 21년 전인 1998년 당시에는 이런 심사가 더욱 깐깐하게 이루어졌다. 당연히 본점 담당자는 처음에는 '가당치도 않다'며 거절했지만 마침내 영업점의 의견을 받아들여 주었다. 대출 상환의 압박에 시달려왔던 회사의 입장에선 신한은행에서 추가여신 지원은 큰 전환점이 되었다. 다른 은행들도 뒤따라 일제히 방향 전환을 했으니까 말이다. 이렇게 선순환 고리가 만들어진다는 것을 알고 있기에 본점을 적극적으로 설득한 것이었다. 남이 잘 나갈 때 도와주는 것은 쉬운 일이다. 하지만 절대절명의 위기 상황에서 반대로 적극 나서서 돕기 쉽지 않다. 다른 은행이 대출을 축소할 때 혼자 다른 방향으로 거꾸로 의사결정을 하는 것은 매우 어려운 일이다. 은행권에서는 특히 더 그렇다.

중소기업 대표로부터 간혹 '은행이 오히려 비 올 때 우산을 빼앗는다'라는 비난을 들을 때가 있다. 뼈가 저린 말이다. 나는 RM 업무를 하며 '어려운 현실을 이해하고 챙겨주며 실질적으로 동행하는 상생의 관계, 윈-윈 하는 관계를 맺어 은행이 기업 시장에서 최고의 파트너가 되어야 한다'고 늘 다짐했다.

신규 대출로 여력을 찾은 휴맥스는 마치 화답을 하듯 폭풍 성장을 시작했다. 변대규 사장과 박철 이사는 소명환 지점장과 나를 불러 공장 이곳저곳을 돌아보며 휴맥스의 미래를 설명해 주었다. 변대규 사장의 목소리가 너무 밝고 힘찼다. 휴맥스가 앞으로 어떻게 나아갈지를 너무나 즐겁고 신나게 이야기해 주었다. 같이 점심식사를 하면서도 나의 질문은 계속되었다. 평소 변대규 사장이 R&D(연구개발) 인력에 매우 관심이 많던 것을 알고 있어서 내가 물었다.

"앞으로 연구 직원은 계속 충원하나요?"

"그럼요. 실력 있는 직원이라면 자리 가리지 않고 무조건 채용합니다. 미래 먹거리 개발을 위해서요. 할 일이 너무 많아요!"

"쉬는 날엔 무슨 운동을 하세요? 모임 등 참석하려면 골프도 시작하셔야 하죠?"

"아이고, 골프장에 갈 시간이 어디 있어요? 그 시간이면 신제품 개발을 해야지요. 강의 준비도 해야 하고요."

그랬다. 보통 사업이 성장기에 들어서면 많은 기업인이 골프를 시작하기에 별 뜻 없이 물었던 것인데, 우문에 현답이 바로 나왔다. 그 무렵 변대규 사장에겐 강의요청이 상당히 들어왔다. 성공벤처의 시작이었으니까. 아주 좋은 조건으로 해외에서 직접투자 자금을 받아 더욱 단단해진 휴맥스는 거침없이 날았다. 청년들의 취업 희망 기업으로도 꼽히기 시작했다.

경기도 분당 서현역 앞에 좋은 매물이 있어 사옥을 챙기는 것을 적극 권하자 휴맥스에서는 바로 건물을 매입했다. 신한은행이 주거래 은행이었기에 우선 1순위 근저당을 설정하면서 담보로 잡았다. 휴맥스가 보유 중인 자기 현금만으로도 자금이 충분한 상황이었다. 하지만 한도여신을 제공하면 유동성을 더욱 확보할 수 있었고 신한은행도 주거래 은행으로서 더욱 관계를 공고히 할 수 있었기에 그렇게 제안했다. 휴맥스는 기꺼이 화답해 주었다. 근저당 설정 비용이며 부동산 감정비용 등 모두 회사에서 부담하면서까지, 수천만 원 비용이 들었는데도 정말 고마웠다. 그렇게 매입한 본사 사옥 건물은 3년 만에 가격이 두 배가 올랐고 지금은 비교불가의 금싸라기 황금 땅으로 바뀌었다.

그들의 위기를 함께 기회로 만들다

가장 어려울 때 도와주었던 은행과 사람들은 잊지 못한다. 평생을 갖고 간다. 이렇게 사람도 얻고 결과도 얻을 때 RM으로서 보람을 느낀다. IMF 위기에서 파리바게트, 선일기계, 항진산업 등에 신

규 시설 자금대출을 실시했었다. 적어도 성
남 지역에서는 어려울 때 신한은행이 함께
했다는 것을 각인시켰다.

신한은행 성남지점은 위기를 기회로 삼
았다. IMF 외환위기 때 우량기업을 신규 유
치하고 기존 거래처의 거래점유비율을 대
폭 늘렸다. 그 결과 점주권에서 당당하게 1
위를 시현했다. 은행권 최초로 실시한 사업
부제(기업점포, 리테일점포 분리)는 결과적으

〈휴맥스 등 5개사 실렸음〉

로 대성공이었다. 이후 다른 은행들이 뒤따라 시행했을 정도였다.

신한종합연구소에서 〈디지털 경제시대 초우량 중견기업의 7가
지 성공조건(2000년)〉을 발간하기 위해 업체 선정, 방문 대담 등을
진행하는데 성남지점에서는 많은 우량 기업을 추천했다. 총 26개
업체를 선정하는데 그중 성남지점의 거래처인 삼영전자, 에이스침
대, 휴맥스, 아비코, 성문전자 5개 사가 선정되었다. 당시 신한종합
연구소 이원호 팀장, 김홍익 연구원과 함께 대상 기업을 방문하면
서 대표들과 미팅은 다시 한 번 우량 기업의 저력을 이해할 수 있는
좋은 기회가 되었다. 20여 년 전 자료임에도 지금도 시사하는 바가
크다. 신한종합연구소에서 정리한 '초우량 기업에서 배우는 7가지
성공 조건'을 요약하면 다음과 같다.

초우량 기업에서 배우는 7가지 성공 조건

❶ 가치 이동에 기민하다.
  급속한 기술 발달, 고객 니즈의 다양화에 따른 시장 변화에 적극 대응하면서,
  핵심 역량을 지속적으로 유지 개발한다.

❷ 솔루션을 제공한다.
  고객에게 가장 중요한 가치를 고객보다 더 고민하면서 끊임없이 연구개발하
  며, 고객을 아이디어의 원천으로 생각한다.

❸ 커뮤니티를 형성한다.
  기업이 부가가치 창출을 통해 생존하고 성장하기 위해서는 모든 이해관계자
  들과 커뮤니티를 형성해야 한다.

❹ 역동성을 창출한다.
  환경 변화에 기민하게 대응하는 역동적인 조직을 구축하며, 구성원들이 활발
  한 커뮤니케이션을 하는 대화 토론의 장을 만든다.

❺ 관리는 없다.
  조직구성원 간의 신뢰와 투명한 경영을 중시한다. 또한 효율적 정보통신 관리
  로 모든 의사결정이 현장에서 이루어지도록 한다.

❻ 동반자적 관계로 인재를 대우한다.
  종업원의 능력이나 성과에 따라 과감한 보상을 실시한다. 내부 인재 양성에 지
  속적으로 노력한다.

❼ 리베로 경영자의 시대
  운동장 밖에서 팀을 관리하는 감독이 아니라 직접 경기에 참여해 경기를 진두
  지휘하는 리베로 경영자가 요구되는 시기이다.

키코 위기에 빠진 모나미를
어떻게 도울 것인가?

압구정역금융센터 부임 후 기존 거래처 중에서 제일 관심 많았던 기업은 모나미와 블랙야크, 두원그룹, 한신공영 4개 사였다. 모나미의 볼펜이나 색연필을 써보지 않은 우리나라 사람은 드물 것이다. 오랜 전통을 가진 모나미는 방문해서 보니 정감 어리고 편안함을 주는 곳이었다. 모나미가 압구정역 지점의 거래처이긴 했지만 거래 규모는 거래라고 할 수도 없을 정도로 아주 미미했다. 은행권 중 여신 규모 서열 5위 정도로 초라했던 상황을 서열 3위까지 끌어올리며 거래 규모를 확대시켜 갔다.

그런데 키코(KIKO) 사태가 발생했다. 키코 뉴스로 모나미가 신문과 뉴스로 보도되었고, 나는 바로 모나미로 달려갔다. 키코에 계약된 전체 금액, 즉 노출 절대금액을 확인했고 향후 회사 대응방안 등을 경리과 임원들과 이야기를 나누었다. 나는 이미 IMF 외환위기 상황 때, 은행과 기업들의 전체적인 리스크 관리를 현장에서 경험했기에 모나미를 설득하면서 방향을 제시했다. 먼저 모나미의 총여신 규모가 축소되어서는 안 되었다. 어느 한 은행이라도 여신 총량을 줄이면 또 다른 은행에서도 바로 적용한다. 서로가 서로에게 여신을 축소할 명분을 주는 셈이다. 그래서 여신 규모를 절대 지켜야 한다. 당연히 신한은행도 지켜야 한다. 그리고 담당자들에게 당부했다. 신한은행 본점 심사부에서도 한도 축소 요청이 왔지만 정유석 센터장과 나는 반대하면서 거절했다.

"다른 은행에서 축소하겠다고 하면, 신한은행은 축소 없이 그대로 진행한다고 말하면 됩니다."

당시 은행들 사이에선 신한은행의 리스크 관리가 최고라고 평가받고 있었고, 실제로도 여신 건전성 평가에서 최상이었다. 다행히 어느 은행도 단 1원의 여신 축소 없이 잘 막았다. 그러나 몇 달이 지난 후 키코 손실액은 결산서에 그대로 반영되었다. 상장사인 모나미의 신용등급 하락은 불가피했다. 특히 리스크 부문에서 비관적 평가로 더 하향될 수 있는 상황이었다. 기업의 신용등급 하락은 '리스크 감소 문제뿐만 아니라 전체의 금융비용 증가'라는 현실적인 문제가 수반된다. 무조건 신한은행 등급이 최선으로 나와야 한다. 그렇기 위해서는 본점의 심사역과 면담이 제일 중요하다. 어떻게 해서든 심사역의 회사 방문을 만들 테니 회사에서도 기자간담회 수준의 준비를 해둘 것을 부탁했다. 대표이사가 직접 브리핑하고 향후 대응방안 등을 모두 터놓고 이야기할 상황이 되어야 한다고 설득했다. 이에 모나미의 안대섭 상무와 김상문 실장이 준비를 완료하였다.

본점 심사부와 매우 긴밀하게 협의를 진행했다. 영업점의 간곡한 부탁을 서형선 심사역은 흔쾌히 승낙하고 함께 회사를 방문했다. 모나미 송하경 대표의 정확하고 진솔한 답변에 신한은행은 최선을 다한 결과로 응했다. 덕분에 기대 이상의 신용등급으로 확정되었다.

"신한은행의 신용평가 결과를 다른 은행에도 알리세요. 그리고 자신 있게 평가에 임하세요."

아무튼 이제 신용평가까지 완벽하게 마무리했다. 다행스럽게 결과는 아주 좋았다. 이제 시장에서 완연하게 회복하여 모든 부문에서 정상 업체로 거래가 진행되었다.

금융권에서 가장 경쟁 치열한 부분 중 하나가 퇴직연금 시장이다. 당시 68개 기관에서 최우선 영업 목표는 퇴직연금 유치였다. 모나미 퇴직연금 유치를 위해 은행권과 증권사들의 마케팅은 참 대단

했다. 모나미 본사에서 열린 사전 직원설명회에 타행들의 유치공세
는 매우 거셌다. 결론적으로 여러 은행들이 덤핑 수준의 높은 금리
제안에도 불구하고 모나미는 은행권 중에선 신한은행을 택했다. 신
뢰가 근저에 깔려 있기에 어떠한 공세에도 아랑곳하지 않고 신한은
행을 선택한 것이었다.

"궁금한 점이나 문제가 발생하면 언제든지 불러주세요. 제가 직
접 가서라도 알려드릴게요."

이런 마음으로 함께한 덕분에 신뢰 관계는 더욱 깊어졌다. 모나
미가 미래의 먹거리로 고민할 때 나는 신한은행의 기업 컨설팅팀을
소개해 주었다. 김동규 팀장을 중심으로 직원 세 명(정원준 · 엄정수
등)이 두 달 동안 심도 깊고 정밀한 컨설팅을 진행했다. 그리고 '새
로운 사업 진출은 당장 접고, 모나미가 제일 잘하는 사업에 더 집중
한다.'는 결과를 얻게 되었다. 모나미는 이 결과를 전적으로 수용하
였고 적극적으로 이행했다. 컨설팅 결과에 따라 안산 공장 매각하
고 기존 제조라인을 태국으로 이전하였다. 그리고 다른 중소기업
으로 위탁 제조를 확대하면서 생산라인 구조를 완전히 바꿨다. 자
연히 재무구조 조정을 병행했다. 이러한 일련의 구조조정을 성공적
으로 마친 후, 안정적인 궤도에 올라섰다. 그러자 바로 새로운 기회
가 왔다. 용인 본사 건물 옆 조달청 소유 부동산이 공매물건으로 나
왔고 모나미는 이 부동산을 인수했다. 매각대금은 3년에 걸쳐 분납

이며 당연히 부동산 소유권 이전 또한 3년 후로 약정하였다. 이 시설자금 대출을 해결하는 데 본점 심사부와 긴밀하게 협의 진행하였다.

그동안 없던 새로운 틀, 새로운 사례를 만들어가면서(모나미, 신한은행, 조달청 3자 간 합의) 거래를 신한은행에서 완결할 수 있었다. 일련의 어려운 과정을 적극 지원해준 유광근 심사역께 큰 고마움을 전한다. 은행 입장에서도 3년에 걸쳐 진행되기에 당장은 물론 앞으로 계속 여신 신규가 발생하는 미래 먹거리였다. 더욱 안정적인 영업의 기반이 되었다.

〈모나미 본사 옥외광고〉

Business is people

• 06 •

영업은 낚싯대가 아니라
그물로 해야 한다

압구정역금융센터점이 있는 건물의 주인이 바뀐다는 정보가 귀에 들어왔다. 극동보석(극동스포츠)에서 신한은행 압구정역금융센터 건물을 매입하려고 하며 신한은행이 아닌 다른 은행에서 여신을 진행 중이라고 했다. 나는 곧바로 극동보석으로 달려갔다. 담당인 장영수 전무를 만났다. 이야기를 들어보니 다른 은행과 여신이 매우 구체적으로 진행이 되어 있었다.

"신한은행에서도 이미 여신 진행을 검토했어요. 그런데 거절되었고, 그래서 다른 은행에서 진행 중입니다."

이럴 수가. 내가 근무 중인 압구정역금융센터가 있는 건물이 매매되는 큰 거래가 다른 은행으로 넘어가는 것을 바라만 보고 있어야 한다니. 정유석 센터장과 나는 거래 지점에 달려갔다. '이 거래가 다른 은행으로 넘어가는 것을 바라볼 수만은 없다. 우리가 들어 있는 건물인데 왜 이 거래를 다른 은행해서 하는가. 우리 지점에서 할 수 있는 건 무엇인가?'라며 결연한 의지를 보였다. 그렇게 극동보석 신한은행 다른 지점의 거래 전체를 압구정역금융센터로 옮겨왔다.

먼저 극동보석이 다른 은행에서 진행 중인 서류 작업 중단을 시켜야 하는데 설득이 어려웠다. 극동보석의 김동극 회장과 장영수 전무를 만나 왜 신한은행에서 여신을 진행하는 것이 유리한지를 설명하였다. 앞서 여신이 거절된 이유는 여러 가지가 있는데 그중 인수업체의 주업종이 스포츠센터가 주를 이루고 있었다. 이는 당시 여신 지원을 꺼리는 업종이었다. 하지만 '스포츠센터'라는 데 주목해서는 안 되었다. 실체를 제대로 알면 여신 지원을 해줘도 마땅한 기업이다. 극동보석의 김동극 회장은 ROTC 장교 출신으로 중국 청도 한인회 회장이며 자수성가한 기업인이다. 또한 극동보석은 무역의 날에 2천만 불 수출탑을 수상한 수출 기업이다. 사업을 다각화하기 위해 극동스포츠 건물을 매입한 것이다. 또한 신한은행 다른 지점과 거래 실적이 계속 있었다.

극동보석에다 3주 안에 여신 문제를 해결하겠다고 장담했다. 영업에 있어서 넘치는 자신감으로 크게 약속해도 좋을 때가 있다. 진정성을 가지고 최선을 다하는 모습을 마다할 이는 없다.

업체의 특성을 파악하고 본점을 설득하다

한번 거절됐던 건이라 본점 여신심사부를 설득하는 데 난항이 예상되었다. 업체와 함께 완벽하게 서류를 준비했다. 본점 기업금융부 이형용 팀장, 임영찬 PM(프로젝트 매니저)과의 미팅을 시작했다. 이렇게 큰 거래는 지원 부서들과 함께 풀어가야 한다. 열악한 환경에서 우수 거래처를 유치한 경력을 내세우고 건물주 거래처를 타행에 빼앗기지 않겠다는 열정을 보여주었다. 본점은 충분히 설득할 수 있다는 확신을 가지고 과감하게 몰았다. 마침내 본점 승인을 완료했다. 쉽지 않은 대출을 잘 챙겨준 본점 심사부 김대수 부장과 김형철 심사역에게 전화를 했다.

"정말 고맙습니다. 극동보석은 우리 지점의 대표 기업으로 잘 성장할 겁니다. 잘 키우겠습니다."

여신 실행에 있어 워낙 복잡하게 큰 건물이라 실무 진행하는 절차 또한 상당히 까다로웠으나 실무도 깔끔하게 종결하면서 또 새로운 거래가 시작되었다. 압구정역금융센터에 또 하나의 좋은 거래처를 확보한 셈이다. 게다가 우리 지점 건물에 본사를 둔 좋은 거래처다.

김동극 회장이 처음 사업을 시작하면서 '어떻게 하면 사업을 잘할 수 있을까?' 고민하다가 자신의 이름을 걸고 하자는 의미에서 기업명을 '극동'이라고 지었다고 한다. 김동극 회장은 '배가 침몰할 때 끝까지 지키는 선장'을 자신의 모토로 삼고 책임경영을 하고 있다. 그는 너무 쉽게 새로운 사업을 시작하고 또 쉽게 포기하는 세태에 안타까운 마음이 든다고 했다. 그의 철학을 들어보면, 믿을 만한 기업인이지 않은가.

지점 운영도 하나의 기업을 경영하듯이

은행 지점은 하나의 사업체다. 지점장인 내가 사장으로서 전체 구조를 잘 짜야 한다. 지점장 역시 일반 기업의 CEO처럼 운영하고 책임경영을 해야 한다. 나는 일반적이고 일상적인 사항은 담당자가 전결처리하도록 했다. 전결권에 해당하지 않거나 이례적인 사안만 보고하면 되는 시스템을 만들었다.

"보고하면 책임이 면제되잖아? 상사의 지시를 받고 그대로 하면 됐는데."

"전결처리했다가 나중에 상사가 오리발 내밀면 어떻게 해?"라고 생각할 수 있다. 실제로 사고가 터지면 언제 그랬냐는 듯이 책임을 전가하는 동료들이 있다. 그래서 나는 업무 등을 서류로 작성해 주었다. 본점 업무 진행시에도 공식 서류와는 별도로 필요하면 얼마든지 '별도의견서'를 작성하였다.

또한 이 점도 명심해야 한다. 거래처 사장들은 이미 야전에서 단련된 프로 중의 프로다. 업체 파악도 제대로 안 하고 그냥 본점에 승인을 올리고 승인이 나면 진행하고 안 되면 말고 하는 식으로 하는 것을 거래처 사장들은 다 안다. 다만 내색을 하지 않을 뿐이다. 은행과 껄끄러운 관계를 만들기 싫은 탓이다. 나중에 여건이 되면 조용히 거래 은행을 바꿀 뿐이다. 먼 길을 같이 갈 동반 은행으로 생각하지 않기 때문이다. 신규 거래처를 만드는 것 이상으로 기존의 주요 거래처를 잘 관리하는 것도 매우 중요하다.

거래처 관리를 잘하고 그들에게 진심으로 다가가면 다른 거래처를 소개해준다. 좋은 거래를 하면 좋은 제안들이 계속 들어온다. 일부러 신규 거래처를 발굴하기 위해 다리품을 팔지 않아도 된다. 선순환 고리가 만들어지는 셈이다. 물론 틈이 나는 대로 주위 거래처를 돌았지만 한 개 한 개 '낚시질'을 할 필요가 없었다. 그물이 완성되었고 어장까지 갖추었으니 좋은 거래가 수월하게 이어졌다. 경쟁 은행들이 탐내는 우량 업체들과 키맨들이 스스로 찾아왔다. 압구정역금융센터점이 5년 동안 탄탄하게 성장하며 좋은 실적은 낼 수 있었던 이유다.

여행은 사람이다

블랙야크와 바디프랜드의
성공가도를 함께 달리다

지점에서는 새로운 먹거리, 즉 성장동력을 가진 업체를 계속 발굴해야 한다. 캐시카우(Cash-Cow)가 확실하고 성장 일로에 있는 기업이라면 두말할 나위가 없이 거래처로 만들어야 한다. 이런 업체와 함께하면 힘들어도 즐겁다. 거래처로 섭외한 블랙야크와 바디프랜드가 그런 기업이었다.

폭발적인 성장기에 만난 블랙야크

동진레저의 블랙야크는 오래전부터 등산을 좋아하는 내가 관심을 갖고 있던 브랜드였다. 동진레저는 동대문시장에서 동진자이언트라는 등산장비 판매점을 운영했기 때문이다. 90년대까지 서울에서 등산장비 시장은 남대문시장과 동대문시장이 제일 컸다. 나는 남대문시장을 주로 이용했으나 가끔 동대문을 찾곤 했었다.

신사동지점에 근무하게 되면서 블랙야크를 처음 방문했다. 신규 거래를 시도했지만 '현재 거래 은행이 많아 추가적으로 거래 은행을 늘릴 상황이 아니다'라는 원론적인 답변으로 거래가 연결되지 않았었다. 그런데 합병 후 조흥은행 압구정점 거래를 자연히 인수받으면서 블랙야크와 거래하게 되었다. 게다가 회사 성장기에 발맞춰 경리담당자가 바뀌는 때여서 그가 자리를 잡는 과정을 적극적이고 밀접하게 도왔다.

당시 블랙야크는 K은행 압구정 지점과 주거래 중이었고 거래 몰입도가 심한 상태였다. 부거래 은행은 W은행이었고 우리는 세 번째 거래 은행이었다. 거래량을 늘리려 시도했으나 기존 주거래 은행과 불편함이 없기 때문에 회사 측은 미온적이었다. 본점 심사부에서도 소극적이었다. 레저 스포츠 분야는 비인기 업종이었기 때문이다. 적시에 여신지원이 어려운 상황에서의 기업 영업은 매우 힘들다. 타행에서 공격적으로 지원하는 상황이라면 사실 영업이 불가능하다고 할 수 있다. 그렇다고 발걸음을 뜸하게 하거나 미리 포기하면 기회는 더더욱 줄어든다. 그럴수록 문턱이 닳도록 드나드는 것이 돌파구를 만들기도 한다.

산에 다니면서 보면 산행 인구가 크게 늘어나고 있는 것을 느낄수 있었다. 주의해야 할 업종이 아니라는 점이다. 블랙야크는 성장성이 컸고 매출도 폭발적으로 늘고 있었다. 그냥 포기할 수도 없는업체였다. 성장가도를 달리고 있는 만큼 급하게 처리해야 할 업무가 많았다. 급한 기업의 상황에 발맞춰, 경영진의 의사결정 부문은내가 챙기고 실무는 창구 직원들이 적극 대응했다. 업체가 불편함을 느끼지 않도록 만전을 기했다. 매출이 폭발적으로 성장하는 시기의 회사를 방문해 보면 '역동적이다, 바쁘다' 같은 말은 '예쁜 표현'에 불과하다. 블랙야크 직원들도 정신없이 몰아치는 업무에 늘상 혼비백산한 모습으로 일했다. 일반 업무에서도 경리팀 직원들은정신 못 차릴 정도였다. 창구 직원들은 이들을 매끄럽게 잘 챙겨주었다. 동진레저와 블랙야크의 사명과 브랜드, 이미지 정리 작업에서 생기는 금융적인 실무도 이영덕 과장, 김중우 대리가 완벽하게지원했다.

지금은 블랙야크 사옥이 서초구 양재동에 있지만 그때는 본사가압구정에서 가산디지털단지로 이전했을 때였다. 거리가 멀었지만업체의 불편함을 줄이기 위해 내가 서류를 들고 직접 방문해 업무를 진행했다. 번거롭다고 생각할 수 있지만 나는 RM 입장에서는 고마운 일이라고 생각했다. 블랙야크에 방문하여 회장실에서 이야기를 나누고 나와 보면 결재를 기다리는 여러 부서의 직원들이 쭉 대기하고 있다. 그런 모습을 보면 미안했지만 다음 코스는 사장실이었다. 회장실에선 등산과 산행, 아웃도어 이야기를 주제로 긴 대화를 나누었다. 사장실에선 실무와 연관된 것들을 긴 시간 의논했다. 역시나 사장실에서 나와 보면 마찬가지로 직원들과 손님들이 차례를 기다리고 있었다.

블랙야크의 곤지암 물류창고가 한계에 이르러 추가 물류창고 구입을 위해 정운석 사장과 함께 용인 이천 지역의 부동산 물건들을 찾아다녔었다. 강남에 사옥 구입을 위해 건물을 돌아보는 등 업체의 성장 과정에서 밀접하게 함께 했다.

3년 전 블랙야크 강태선 회장이 구례를 방문하여 이곳저곳을 돌아본 후, 구례군청 자연드림파크와 함께 상생협력협약식을 체결하였다. 회사 사업영역과도 일치하여 언제든 지리산과 더불어 좋은 파트너로 도약할 수 있다. 지리산과 구례 투자에 관심이 있는 기업들은 언제든지 나에게 문의해도 좋다.

히말라야 트레킹을 하면서 당연히 등산복과 장비 모두를 블랙야크로 마련했다. 풀세트로 장착하고 나서자 만나는 사람들마다 "블랙야크 직원이세요?"라며 물을 정도였다. 그럴 때 길게 설명하지 않고 "네, 그렇습니다"라고 대답했다. 회사가 더욱 잘 나가기를 바

여행은 사람이다

라는 마음은 직원 수준이었다.

아이템의 시장성이 확실했던 기업, 바디프랜드

목과 어깨에 묵직한 피로감을 종종 느껴서 안마의자를 하나 꼭 갖고 싶었다. 전문 판매점에 가서 구경도 하고 코엑스 전시관의 전시회에도 가보며 안마의자에 대해 알아보았다. 그런데 괜찮다고 느끼는 제품은 가격이 천만 원대로 너무 부담스러웠다. 그래서 포기하고 지냈는데 인터넷에서 바디프랜드라는 제품을 알게 되었다. 마침 우리 지점과 아주 가까운 거리에 바디프랜드 전시장이 있어서 바로 방문을 했다. 나중에 보니 1층이 전시장이고 2층이 바디프랜드 사무실이었다. 바디프랜드의 관리본부장을 만나 사업의 전체적인 현황을 상세하게 들을 수 있었다.

여러 가지 모델 중에서 주력 모델이라고 소개받은 안마의자에 올라 직접 가동하며 사용해 보았다. 안마가 아주 시원했고 사용 편의도 좋았다. 게다가 가격도 놀라웠다. 백만 원이 안 되는 가격이었다. 저렴한 가격은 최고 경쟁력이다. 당시 다른 안마의자 가격이 워낙 높게 형성되어 있기도 했다. 그날 바로 한 대를 구입해 집에서 사용하며 매일매일 피로를 풀었다. 사용할수록 만족도가 높았다. 실사용하며 테스트하였으니 자신감을 가지고 주변 지인들에게 바디프랜드의 제품을 적극 알리며 추천했다. 좋은 것은 널리 알리라고 했으니, 신한은행 사내 게시판에도 제품을 홍보할 정도였다. 당연히 구매가 연이어 이루어졌다.

사용하면서 바디프랜드 안마의자는 상당히 경쟁력 있는 제품이고 업체의 발전가능성도 낙관적이라는 생각이 들었다. 국내 시장에서 가장 가격경쟁력을 갖춘 독보적인 업체였다. 당시 연간 매출 8억

바디프랜드, 안마의자 세계 1위 등극

바디프랜드대표 박상현가 안마의자 시장
점유율 국내 1위에 이어 세계 1위를 차지한 것
으로 나타났다. 27일 이 회사에 따르면, 2017
년 말 기준 글로벌 안마의자 시장점유율 8.1%
를 기록, 창립 10년 만에 1위를 차지했다. 미국
시장조사 기관 프로스트 앤드 설리번의 조사
결과다. 수년 전까지 세계 안마의자 시장은 파
나소닉과 이나다훼미리 등 일본 기업들이 1, 2
위 자리를 놓고 각축했다.

그런데 시장조사 의뢰 결과 국내 1위로만
알려졌던 바디프랜드가 세계 시장까지 제패
한 것이다. 바디프랜드가 글로벌 1위를 차지
한 것은 이번이 처음이다.

파나소닉과 이나다훼미리는 각각 7.7%와
7.2%로 2, 3위로 집계됐다. 나머지 업체들을
포함하면 상위 10개 업체가 전체 시장을 점유한
것으로 나타났다.

기술과 디자인 면에서 지속적인 차별화에
성공한 덕으로 풀이된다.

바디프랜드 측은 '기술·디자인·품질·서비
스·고객만족 5가지 분야에서 경쟁사가 따라
올 수 없을 정도의 격차를 만들겠다'는 오감초
격차론의 실현을 경영의 핵심과제로
삼아 부단히 힘써온 결과'라고 설명했다.

실제 바디프랜드는 기술 부문에서 디자인
연구소, 기술연구소에 이어 2016년 3월 메디
컬R&D센터를 설립하며 3개 연구개발R&D
분야를 아우르는 용복합 시대를 열었다.

그 중에서도 헬스케어 업계에서 최초로 조
직한 메디컬R&D센터가 돋보인다. 정형외과,
신경외과, 한방재활의학과, 내과, 치과, 정신과,
피부과 등 전문의 7명에 의공학자, 음악치료
사까지 전문가들이 포진해 있다.

디자인 분야의 역량도 마찬가지다. 세계 3대
디자인상인 독일 '레드닷(Red Dot)'과 'IF'에서
연이은 수상작을 냈다. 업계에서 가장 긴 무상
AS 5년 보장은 품질과 서비스에 대한 자신감

에서 비롯됐다. 하지만 바디프랜드의 과제는
내수에서 벗어난 글로벌화 이를 통해 세계적
인 브랜드로 성장해야 한다는 책임은 더게지
고 있다. 2017년 이 회사 매출 3700억원 중 안마
의자 부문은 2800억원, 안마의자 중 미국 중국
등 해외시장 매출은 17억원으로 제 1%에도 못
미쳤다. 2018년 역시 매출 4470억원 중 안마의자
3700억원, 이 중 해외비중은 20억원에 지나지
않는데 세계 1위라는 타이틀이 무색해진다.

바디프랜드는 올해 해외비중을 10% 이상
끌어올린다는 목표를 추진한다. 프랑스 파리
오스만거리(Boulevard Haussmann)에 660m²
(200평) 규모로 플래그십스토어를 연다. 미국, 중국에 이은 세번째 해외 플래그십스토
어로, 바디프랜드 첫 유럽 진출이다.

안마의자 시장은 최근 건강에 대한 관심 속

에 가파르게 성장하고 있는 분야이다. 글로벌 시
장규모는 2018년 약 42억달러(4조7000억원)
로 추정된다. 2014년 26억달러(2조9000억원)
수준에서 4년 만에 60% 이상 성장했다. 2억
원에 불과했던 바디프랜드 설립 원년의 매출
액은 2017년 기준 150배 이상 증가한 3700억
원대를 기록했다. 같은 기간 안마의자 시
장의 규모도 200억원에서 7000억원 규모로
덩치를 키웠다.

바디프랜드 관계자는 '글로벌 안마의자 시
장의 성장률이 연간 10~15% 안팎을 이어갈
것으로 전망된다. 세계에서 공룡회로 나타
나는 고령화와 맞물려 발전이 예상된다'며
'올해 오감초격차 전략을 기반으로 글로벌시
장 공략에 박차를 가하겠다'고 밝혔다.

조문술 기자/freiheit@heraldcorp.com

美 '프로스트 앤드 설리번' 조사
글로벌 시장점유율을 8.1% 기록
파나소닉 제치고 세계시장 제패
기술·디자인 지속적 차별화 성공
해외비중은 미미…올 10%이상 목표

바디프랜드 매출

	매출액	
3700억		4470억원
	안마의자 매출액	
2800억		3700억원
	안마의자 해외비중	
17억		20억원

2017년   2018년 1월, 바디프랜드 제공   2018년

〈바디프랜드 세계 1위로 도약하다(헤럴드경제. 2019. 5. 27)〉

여행은 사람이다

원의 작은 소기업이었지만 나는 바디프랜드의 대표이사와 임원들을 계속 찾아가 설득했다. 마침내 주거래 은행의 위치에 올라섰다. 성장기에 이른 기업들은 무조건 자금이 부족하다. 특히 제조업일 때는 더욱더 그렇다. 원재료 구입—생산 및 가공—판매—결재완료 후 입금까지 순환과정을 거쳐야 하기 때문이다. 그 모든 과정에 현금이 투입되어야 하니까 말이다.

바디프랜드의 매출 증가에 따른 금융 지원을 전력으로 진행했다. 우선 지점에서 전행으로 가능한 신용대출 한도를 최대한으로 사용하였다. 여신관리를 잘하는 신한은행이니 우리의 조건을 다른 거래 은행에서도 따랐다. 기업 입장에서는 주거래 신한은행과 부거래 은행의 거래 규모가 운전 자금 규모도 더 커지니 사업 성장에 더욱 박차를 가할 수 있는 여건이 조성된 셈이다.

적절한 때에 맞춰 본점 승인여신을 진행했다. 작은 거래로 첫 승인을 진행하면서 설표명 심사역이 현장 방문하였다. 업체의 전반과 전망에 대해 이야기를 듣고 그에 따른 다양한 지원 방안이 심도 깊게 논의되었다. 어렵지만 현장을 확인하면 한층 더 다양한 정보를 얻고 서로가 원—원 할 수 있는 방안이 구체적으로 모색된다. 예상한 대로 심사역이 바디프랜드의 경쟁력을 확인 후 적극적으로 지원이 이루어졌다. 신한은행의 여신규모 증가에 따라 다른 은행의 여신도 증가한다. 기업은 자금 추가 확보하여 추가 생산을 하고 매출을 증대시킬 수 있다. 이런 선순환 과정이 계속 반복되었다. 당연히 수익 폭도 따라 증가했다.

시장에서의 반응은 참으로 놀라웠다. 인터넷과 홈쇼핑 판매에서 엄청난 매출이 일어났다. 여기에 업계 최초로 리스 판매를 시작하면서 안마의자 시장의 선두주자가 되었고, 기업의 성장은 마치 아우토반을 달리는 듯 보였다. 대단한 속도로 성장하는 동안 직원들도 많이 늘었다. 어쩔 수 없이 여러 빌딩에 사무실을 임대해서 사용하는 상황이었다. 임대료 지출 등을 감안할 때 사옥 빌딩을 매입해도 되는 시기였다. 그래서 나는 사옥 구입을 적극 권유했고 마침내 2013년 강남 도곡동에 사옥 빌딩을 매입했다. 사옥 매입을 위한 시설 자금 대출은 당연히 신한은행에서 진행했다.

〈구례군청에서 열린 블랙야크, 자연드림파크, 구례군의 상생협력 협약식(맨 왼쪽이 나)〉

여행은 사람이다

표류하던 순성협동화사업의 돛을 올리다

협동화사업이라는 것이 있다. 여러 기업이 협동하여 입지와 시설, 창고 등을 설치 · 운영할 때 일정한 심사를 거쳐 설치자금을 지원하는 것이다. 인천남동공단과 안산시화공단에 있는 제조업체들이 이미 포화된 공장을 더 크고 새롭게 신설하기 위해 충남 당진군 순성면에 협동화사업단지를 계획했다. 대지 5만 평에 15개 업체가 입주할 계획이었는데 업체들의 이해관계가 충돌하고, 금융 진행이 난망에 빠져 사업이 표류상태에 빠진 상태였다.

처음 이 거래를 소개받은 후 사전 경위를 파악한 다음 가장 먼저 관련된 기업들을 방문해 현장 상황을 확인했다. 협동화기업뿐만 아니라 여러 업체가 관계되어 있으므로 다양한 의견을 들어야 했다. 모든 정보를 알아야 정확하게 업무를 진행할 수 있기 때문이었다. 전체의 틀에서 보면 대출 구조에 있어서 '미니 PF'이었다. 그러나 PF 구조로 진행하면 변호사 수임료, 약정수수료 등이 추가되어 비용이 대폭 증가되었다. 이것을 일반 대출로 진행하면 비용을 크게 감축시킬 수 있었다. 일반 대출로 하면 근저당권설정비용(공단 토목공사 완료 후 건축물 신규는 개별 업체별 진행하기에)과 변호사비용 등 대폭 절감할 수 있었다.

업체 대표들에게 문제를 해결해 주겠다고 간결하게 정리해 주었다. '1. 우선 공단 토목공사 완결시키겠다.' '2. 지금 지출보다 비용을 더 줄여주겠다.' '3. 새로운 추가비용을 최소화하겠다.' 전체 모임을 진행하며 향후 로드맵을 설명했다. 업체들을 설득하는 데 많은 에너지와 시간을 쏟아야 했다.

철저하게 준비를 해도 새로운 어려움은 계속 발생한다. 본점에서 영업점 마케팅을 지원하는 기업금융부에서 이형용 님과 장연태 PM의 역할이 결정적으로 큰 도움이 되었다. 역할 분담하여 영업점에서는 입주사 대표들을 직접 설득하면서 문제를 하나씩 해결해 나갔다. 여신심사부 구조화금융팀 심사의 이재학 님과 김판규 님이 다른 한편에서 열심히 지원해주었다. 지금 다시 생각해도 그들의 도움이 컸다.

여행은 사람이다

본점 심사업무 진행은 오히려 무난하게 완료되었다. 삽도 한 번 못 뜨고 3년 동안 중단되었던 공사를 드디어 시작했다. 허허벌판에 돼지머리 고사상을 차리고 고사를 지냈다.

"사고 없이 안전하게 공사를 마칠 수 있게 해주세요."

고사를 지내는 날 압구정역에서 당진까지 신나게 달렸다. 먼 거리인데도 거리가 느껴지지 않았다. 얽히고설키고 불가능해 보였던 것들을 차근차근 하나씩 풀고 해결해 갔던 일이 주마등처럼 스쳤다. 허허벌판 부지에 단지가 건설되는 것을 보다니, 감회에 젖어 있는데 업체 대표 한 분 말씀에 눈물이 살짝 돌았다.

"여기에 신한은행 기념비를 세워야겠어요. 정말 수고 많았어요. 고맙습니다."

"제가 더 고맙습니다. 정말 제가 더 고맙습니다."

서로에 대한 감사 인사가 연이어 터져나왔다.

순성협동화산업단지가 완성되는 데 역할을 한 기업본부의 이형용 팀장과 장연태 PM, 심사본부의 이재학 부장과 김판규 심사역, 그리고 나. 우리 드림팀의 활약은 신한은행 내에서 영업 우수 사례로 선정되었다. 스스로도 순성협동화산업에 뛰어들어 해결하고 마침내 성과를 이끌어 낸 스스로가 자랑스러웠다. 초등학교 때 교과서에서 '저축의 필요성과 은행의 역할'에 대해 배웠던 기억이 있다. '우리가 저축을 하면 은행은 돈을 모아서 산업 자본에 활용할 수 있도록 한다. 기업은 생산과 고용 창출, 판매하고 국가에 세금을 내어 국가에 이익을 준다. 국가 경쟁력이 강화되고 국민들은 더 살기 좋아진다.' 사실, 중소제조업체를 경영하는 사장님들께 늘 존경과 고마움을 갖고 근무했다. 기업금융업무를 24년 해온 은행원으로서 가히 신처럼 보이는 중소 제조업체 사장님들. 은행원으로 제대로 역할을 하여 그 과정을 실현하고 있다는 생각에 어깨가 으쓱해졌던 경험이다. 중소기업 사장님들 힘 내세요!

〈압구정역금융센터 직원들. 영업실적, 자산 건전성 관리, 고객만족도조사 등 전 부문에서 최상위권 실적을 실현〉

여행은 사람이다

Business is people
• 09 •

치열하게 꽃 피운
압구정역금융센터에서의 RM 시절

압구정역금융센터의 전면은 2분의 1은 모두 아파트이고 한강으로 막혀 있다. 후면 2분의 1은 작은 규모의 상점들이 나열되어 있다. 그래서 가계 금융에서는 최고의 실적을 내는 곳이지만 기업 영업에는 최악의 환경이다. 사무용 건물들에 다가가는 길목에는 신한은행 학동금융센터과 신사동금융센터가 오래전부터 자리 잡고 있어 기업들이 굳이 압구정까지 올 필요가 없다. 지점 간의 영업 구역에 한계가 없어 지점들끼리의 경쟁은 상상할 수 없이 치열했다. 비즈니스 집결지인 강남권이니 그야말로 정글의 법칙이 생생하게 적용되는 지대였다.

금융업이니 무조건 목표한 숫자를 채워야 경쟁에서 우위를 얻을 수 있다. 환경을 탓하지 않고 이러한 상황을 활용하여 나는 조금 더 넓게, 조금 더 멀리, 조금 더 많이 뛰자고 마음 먹었다. 그리고 활동 범위를 차근차근 넓혀 나갔다. 우선 기존 여신 거래처(대출 거래처)를 방문했다. 그 다음에는 예금 거래만 있는 곳을 방문했다. 차츰 강남 지역 전체를 다녔다. 그리고 서울시 전체로 범위를 넓게 잡았다. 주변에서 무엇이든 하나라도 연결고리만 있으면 무조건 챙겨서 현장 방문하며 진행을 했다.

기업고객은 개인고객과는 다르게 이해관계를 제일 중요하게 여기는 특성을 가진다. 거리는 그 다음 문제였다. 기업고객이 원하는 것을 잘 챙겨주고 문제를 해결해 주면 거리가 멀어도 크게 개의치 않는다. 거래를 시작한 후에는 인터넷과 모바일 뱅킹 등으로 처리하고 가까운 지점에서 일반 거래를 할 수 있으니 거리는 문제가 되지 않는다. 그런 확신을 갖고 있었기 때문에 자신 있게 신규 섭외를 진행했다.

선배들께 배우고 직접 경험하면서 깨달은 여신 운영의 원칙이 세 가지 있다. 첫째는 리스크 해지다. 아무리 좋은 업체라도 본질적으로 리스크를 관리하면서 영업을 해야 한다. 둘째는 '남는 장사'가 되어야 한다. 수익 없는 거래, 이익 없는 일은 할 필요가 없다. 장기적 관점에서 미래의 이익 등을 환산한 특별한 경우도 있겠지만 어짰든 남아야 된다. 셋째는 평판 리스크이다. 사회 전체에 건강하고 도움이 되는 거래여야 한다. 일부 영업사원들의 큰 병폐 중의 하나가 한쪽이 크게 손해를 보면서 다른 한쪽만 배부르는 구조 영업을 하는 것이다. 그런 거래는 곧 들통 나게 되어 있으며 결국 오래 갈 수 없다.

우량 거래처를 신규 섭외할 때는 꼭 파악해야 하는 것이 있다. 첫째는 오너의 진정성이다. 둘째는 시장에서의 경쟁력이다. 셋째는 열정, 즉 사업에 대한 의지이다. 넷째는 직원들의 사기와 근무 몰입도이다. 외부 감사 기업을 제외한 작은 기업들의 재무제표는 사실 참고자료 정도로 보면 된다. 재무제표는 일순간에 망가질 수 있다. 재무제표는 소위 '화장발'이다. 그래서 나는 순수한 '생얼'을 보기 위해 첫째부터 넷째까지 순서대로 파악했다. 이런 파악을 거치면 정확한 상담이 되고, 문제해결도 훨씬 쉽다. 파악해서 괜찮은 업체라고 생각하면 거래를 맺기 위한 진정성 있는 접근이 필요하다.

사람을 만날 때도 나름 기본 철칙이 있었다. 일방적으로 설명하지 말고 고객의 이야기를 경청하는 데 많은 시간을 들여야 한다. 또한 동조와 질문 등으로 '내가 당신에게 도움이 되는 사람이다'라는 신뢰를 심어주어야 한다. 그래야 다시 방문했을 때부터는 편안하게 실질적인 이야기를 나눌 수 있다. 초기부터 영업직원이나 장사꾼의 느낌을 주면 거래로 연결되기 어렵다. 진솔한 대화 없이 영업부터

들어가면 내가 돌아간 뒤 내 명함은 바로 '휴지통행'이 된다.

거래를 맺을 때는 세 가지를 명심해야 한다. 첫째 신뢰를 가져야 한다. 둘째는 서로 도움이 되도록 설계해야 한다. 셋째 거래는 장기적 관점으로 해야 한다. 특히 우량 거래처와의 거래에서는 반드시 유념해야 한다. 한순간 한 건으로 한쪽에서 많이 챙기면 나중에 반드시 알게 되고 계속 거래는 끝나게 되어 있다. 내가 금융 업무로 프로페셔널이듯이 그들도 프로페셔널이다.

이런 마인드와 자세로 부지런히 발품을 팔며 돌아다녔다. 여기에 압구정역기업금융센터의 직원들 지원이 더해져 알찬 실적들을 많이 얻었다. 두원그룹과 블랙야크, 한신공영과 모나미, 세안이앤씨 등의 우량 거래처의 거래를 확대시켰고 바디프랜드, 순성협동화사업, ISA상사, 영인과학, 영화과학 등의 신규 거래처로 지점의 영토를 확장했다. 가로수길에 있는 한 우량 수출 기업을 주거래 은행을 신한은행으로 바꾸게 하기도 했다. 우량 수출 기업 유치에 성공한 것이다. 덕분에 챔프 RM을 수상하게 되었다. 정유석 센터장과 환상적인 호흡으로 가능했던 성과들이었다. 거래 업체들도 우리를 '환상의 콤비'라고 할 정도였다. 지점 영업 실적이 꾸준히 상승했고 거래처 연체율 0, 초단기 연체 또한 0으로 리스크 관리도 잘 되고 있었다. 단기 거래가 아닌 장기적이고 지속 가능한 거래를 중심으로 엮어진 업체들이었기에 가능했다.

여행은 사람이다

고된 만큼 전우애는 깊어지고,
성과는 높아진다

기피 1호 지점, 동대문지점

동대문지점에 있을 땐 새벽 4시에 출근하여 동대문시장으로 파출수납을 나갔다. 새벽 출근을 하자마자 정예직원 여덟 명이 시장으로 출발하면 시장 상인분들이 반갑게 맞아준다. 의류 도매상이 밀집되어 있는 동대문시장은 야간에 열린다. 밤새워 영업을 마치고 점포들이 마감할 무렵에 은행에서 직접 나가 수납을 하는 것이다. 동대문지점이 아침에만 힘든 것이 아니다. 아침에는 밤시장 마감의 분주함에 묻혀 바쁘고, 낮에는 외국인들과 일반 고객도 많은 곳이다. 동대문지점은 다른 점포와 완전히 다른 업무 일정으로 어렵고 힘들어 피로감이 크게 증가하는 곳이다. 전 직원 모두가 특공대 수준으로 근무해야 해서 직원들이 기피하는 지점 1위라고 해도 무방하다. 갓 입행하는 신입들도 이 사실을 알고 있다. 신입 직원에게 들은 이야기도 있다.

"동대문지점으로 발령받은 직원을 호명하면 박수를 쳐요. 자신들이 발령받을까 봐 걱정했는데, 다른 사람이 발령받았으니 안심되어서요."

현금 유동량이 많아서 시재보유 한도 또한 전 지점 최고 수준이다. 출납 주임은 하루 종일 현금시재 더미에서 '돈 노가다'를 해야 한다. 출납 주임 자리는 한 사람에게 6개월 이상 시키면 절대 안 되는 자리이다. 모두 잠든 시간에 불야성을 이루는 시장의 특성상에 맞춰 특별한 근무를 해야 한다. 때문에 직원들의 사기와 피로도를 특별히 관리하는 것도 지점장의 중요한 임무였다. '무조건 직원들을 먼저 챙기자. 고생하는 직원들 어려움을 조금이라도 줄여 주는 것이 지점장으로서 최우선으로 해야 할 일이다'라고 되새기면서 직원들 불편 해결에 앞장섰다.

"지점장님, 이번 주에는 어느 산에 가세요? 혹시 괜찮으면 저도 같이 갈 수 있나요?"

삼악산 산행을 다녀온 후 직원들이 함께 산행하자고 먼저 이야기를 한다. 산행의 묘미를 맛본 후의 당연한 증상이고, 좋은 현상이

여행은 사람이다

다. 직원들의 말에 우선 서울에서 가깝고, 걷기 편하면서 만족도 높은 곳을 함께 가기로 했다. 청계산과 남한산성, 하남시에 있는 검단산, 운길산과 예봉산을 다녀왔다. 한겨울에는 아이젠도 챙기면서 함께 걸었다.

영업점 근무를 하면서 제일 먼저 챙겨야 할 일은 무엇일까? 나는 팀워크를 언제나 최우선으로 챙겼다. 직장 조직의 특성상 윗사람을 내 스타일대로 바꾸는 것은 어렵다. 나와 같은 직급에서부터 출발해야 한다. 행원시절, 우리 행원들끼리 서로 돕고 챙기는 편안한 분위기를 무조건 먼저 만들었다. 공교롭게도 신입 직원부터 서무 주임과 노조분회장을 계속 맡아 업무역할 또한 딱 맞았다. 사실 신입직원에게 서무주임이나 노조분회장은 맡기지 않는다. 아주 이례적으로 그것도 역삼동지점 큰 점포에서부터 그렇게 출발했다. 언제나 서무주임은 나에게 맡겨졌다. 신동아아파트 출장소를 오픈하면서 함상철 님과 박명환 님 같은 고참들이 내게 도장(역삼동 모점 직인)을 받으러 오는 일이 생기기도 했다.

동대문지점의 파출수납 업무가 끝나면 직원들이 함께 모여 아침식사를 한다. 조식이기에 간단하게 차린 백반이지만 새벽을 휘젓고 온 후 함께 모여서 먹는 아침식사라 그야말로 꿀맛이다. 지점 앞에 있는 카페는 24시간 영업을 했는데 소문에는 매출액이 전국 순위에 든다고 했다. 한번은 24시간 카페에서 모닝커피를 마시며 아침 회의를 열었다. 직원들 반응은 가히 폭발적이었다. 이런 작은 이벤트로 직원들은 행복해하고 피로를 잠시나마 잊는다. 그리고 신나게 아침을 다시 시작할 수 있게 된다.

'아오지탄광'으로 불리던 성남지점

동대문지점만큼 악명이 높은 곳이 성남지점이다. 앞에서도 이야기했지만 90년대 초반 성남지점 역시 대표적인 기피점포였다. 업무 강도가 대단히 높아서 '아오지탄광'이라는 오명까지 있을 정도였다. 그래서 성남 인근에 사는 직원들은 발령을 피하기 위해 일부러 인사기록카드에서 주소를 이전시켜 놓기도 했다. 신한은행은 당시 대대적으로 리테일 사업을 추진했고 신한은행 성남지점은 리테일 점포 대명사였다.

창구 고객이 너무 많은 곳이라 은행 내에서 고객순번대기표 시스템을 2번째로 도입했다. 당시에는 많은 4명의 수납직원이 담당했음에도 늘상 붐볐다. 특히 월말이나 공과금 마감일에는 손님들이 아예 은행 안에 들어오지 못하는 상황까지 비일비재했다. 성남지점의 2층은 외환업무 창구과 법인 창구가 있었는데 일반 고객을 함께 받는 협업 시스템을 가동했다. 일을 불평 없이 나눠서 하니 힘든 와중에도 직원들의 만족도도 올라가고, 피로도도 낮출 수 있었다. 직원의 만족도와 피로 정도는 고객 응대와 서비스로 연결되는 것은 당연하다.

창구에서 정신없이 바쁜 수납업무를 겨우 마치고 나면 또 다른 '폭탄'을 처리해야 한다. 창구 마감 후 공과금과 현금관리 업무다. 성남 시내에는 마을금고 네 곳과 신협 두 곳이 있었다. 대형마켓인 단대쇼핑까지 일곱 곳에서 수납한 어마어마한 현금이 은행으로 집결되어 처리되었다. 아침에는 자기앞수표 발행으로 업무마감 후에는 자기앞수표 입금과 공과금 수납 처리로 매일매일 업무 폭탄을 처리해야 했다. RS기는 어음교환을 제시간에 마치기 위해 만든 자기앞수표 분산 정리에 사용하는 최첨단 기계이다. 본점 자금부에서만 운영 중인 고가의 장비였는데 영업점에서 최초로 성남지점에 설치했었다. 자기앞수표, 당좌수표, 가계수표, 약속어음 등 처리량이 워낙 많으니 설치를 안 할 수도 없는 상황이었다.

전표 처리 건수 등 수량적인 계산만으로 따져도 성남지점 창구 직원들의 업무량은 단연 전국 최고 수준이었다. 성남지점의 총 인원은 지점잠과 차장, 대리, 행원들을 모두 포함하여 열다섯 명이었다. 정봉현 지점장, 이범섭 차장, 나상철 대리, 이대연 대리, 최명원 대리, 안효진 님, 최태로 님, 나, 백두현 님, 이공래 님, 조현숙 님, 김미경 님, 서정은 님, 김정자 님, 강주연 님. 1991년 3월 22일 성남지점 개점 멤버는 이렇게 열다섯이었다. 그때 통장 개설을 하면 선물했던 기념 쟁반은 히말라야 그림을 그려 아직까지 보관 중이다.

충원이 필요해서 신입 직원 한 명을 발령받았다. 고교를 갓 졸업하는 앳된 어성옥 주임이 '아오지탄광'으로 불리는 성남지점으로 왔다. 지금까지 만난 많은 신입사원 중에서도 가장 기억에 남는 어여쁜 막내였다. 어성옥 주임은 약간 걸걸한 목소리로 자신이 억세게 재수가 좋아 성남지점으로 발령을 받았다고 했다. 군기가 바짝 든 신입사원이 아오지탄광에서 선배들에게 강하게 트레이닝받으니 단기간에 동기들 중에서 실력을 최고로 쌓을 수 있었을 것이다. 선배 언니들 "신입 때는 단단히 교육받는 게 은행 생활에 큰 도움된다"며 막내를 챙겼다. 주 6일 근무제였던 때라 토요일에 어성옥 주임의 환영 회식을 했다.

"우리 막내 주량을 체크해 보자."

"주량이요? 몰라요. 아직 한 번도 취해 본 적 없어요?"

객기를 부리며 신나게 마시더니 의자에서 앉아 완전히 잠이 들었다. 그 귀여운 모습에 다들 재미있어 했다.

업무량이 많고 강도도 심한 지점이었지만, 그래서인지 직원들 모두가 서로 아끼고 위하는 마음이 컸다. 당연히 팀워크도 뛰어났다. 그렇게 바쁜 와중에도 개점요원 최태로 님과 김정자 님이 언제 연애를 했는지 부부가 되었다. 사내 커플, 그것도 같은 지점에서.

"축하합니다!"

〈업무량 강도 때문에 '아오지탄광'으로 불렸지만 의리와 동료애만큼은 최고였던 성남지점〉

'파이팅' 넘치는 신한의 전통으로 거리를 놀라게 하다

하당지점 오픈 지원

멀리 나가 지방 점포를 1박2일로 지원할 때가 있다. 남도 끝자락 목포시 하당지점 신규 오픈을 지원하기 위해 갔던 적이 있다. 신한은행 전국 지점망이 적었던 시기여서 호남 지역에서 광주와 전주 지점 다음으로 생긴 지점이다. 순천과 광양, 여수 등에도 신한은행 점포가 없었고 하당지점이 목포에 생긴 첫 신한은행이었다. 당시 금융감독원에서 연간 신규 점포수 제한 등으로 점포 신규 인허가가 어려웠다. 때문에 인허가 절차가 손쉬운 시 외곽에(목포 하당지점, 백

마지점 등) 신설 점포를 열었다. 전국 시 이상의 지역에 은행 점포 신설 총량을 규제하면서 선별적으로 인허가를 내주었다. 하지만 시가 아닌 군·면·읍 지역의 점포 개설은 신규 인허가 제한 수에서 제외되었다.

하당지점을 오픈하며 가두 캠페인이 펼쳐졌다. 청년들이 넥타이에 정장 차림을 하고 목포 시내 중심가를 구보로 달리면서 "신한은행 오픈합니다! 신한은행 잘 부탁합니다!"를 우렁차게 외쳤다. 멋지고 근사한 장면이 펼쳐졌다. 시민들은 그 모습에 놀라면서도 박수를 쳐주고 격려해 주었다. 구보를 마친 후에는 전단지를 들고 주요 상점들을 방문했다. 가게 문 열면서 "신한은행 새로 엽니다! 잘 부탁합니다!" 인사를 하며 열심히 돌아다녔다. 1991년에 이미 성남지점을 신규 오픈(1991년)해 봤던 나였기에 더욱 신이 났고 희망찼다. 이런 개점 지원과 행사는 신한은행만의 독특한 '파이팅' 넘치는 전통이다. 일련의 행사 지원을 마치고 돌아오니 하당지점 직원 모두가 큰 박수로 환영을 해주었다.

"정말 고생 많았어요! 우리에게 큰 도움이 됩니다. 목포 시내를 깜짝 놀라게 뒤집어놨어요."

모든 행사를 마치고 저녁식사 시간이 되었다. 남도의 맛나는 식사에 잔뜩 기대를 하고 있는데 식당 직원이 큰 플라스틱 함지박 하나와 초장을 놓고 간다. 무엇이지? 하고 들여다보니 목포의 명물 세

발낙지였다. 아무도 먹을 줄 모르는지 서로 얼굴만 쳐다보고 있기에 나와 황규현이 먼저 시범을 보였다. 요즘처럼 젓가락에 말아먹을 필요 없이 바로 낙지머리 쥐고 다리 쭉 펴서 훑친 후, 머리를 장에 발라 바로 시식을 했다. 맛있게 먹고 나니 그때서야 다른 친구들도 서로 먹으려고 난리가 났다.

광주지점 이전 지원

광주의 중심 금남로에 신한은행이 건물을 신축하여 광주지점을 이전했을 때도 YF 6기와 함께 지원했다. 광주 시내 전체를 돌며 열정 넘치는 우리 YF 6기와 송재걸 팀장의 사물놀이패가 흥겹고 신명나게 어우러졌다. 농악대 전주에 맞춰 와이셔츠만 입은 젊은 청년들 파이팅 넘치는 구보를 시작하자 광주 시민들도 함께 즐거워했다.

〈신한은행 기념 쟁반 위에 YF 6기 기념 그림을 그려놓았다〉

여행은 사람이다

지점을 신설하는 것보다 지점을 이전하는 것이 훨씬 더 힘들고 고생스럽다. 시내 행사를 마치고 돌아오니 광주지점 직원들이 따뜻하게 반겨주었다. 광주 최고 멋쟁이 위용환 지점장이 맛있는 남도정식을 준비했다고 하자 모두가 환호성을 질렀다. 와우, 기대 이상이었다. 각자 자리를 잡고 앉자 식당 직원들이 커다란 밥상 자체를 들고 들어왔다. 44가지 반찬이 차려진 상은 그야말로 상다리 휘어질 정도였다.

〈평범한 사람이 만든 비범한 조직(신한은행 발행 책)〉

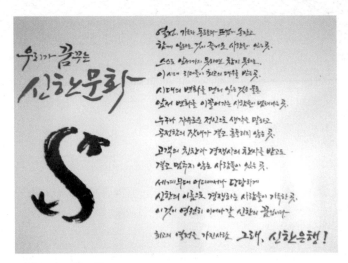

〈내가 꿈꾸는 신한문화〉

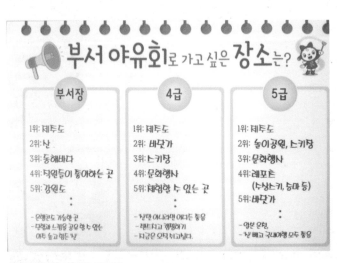

〈부서 야유회? 직급별 선호도〉

〈반가운 인연. 18년 후 광주기업센터장으로 부임〉

〈감회가 더 새롭다〉

〈상쾌한 아침인사로 시작, 신명나는 점포〉

PART 5

지리산자락 명소와 맛집을
소개합니다

- 여행을 더욱 즐겁고 맛있게 하는 이야기

초보 산행자를 위한
지리산 코스 10선

지리산은 그 범위가 3개 도 5개 시군 15개 면에 걸쳐 있는 1억3천만 평(438km²)의 광대한 산이다. 주능선은 25.5킬로미터로 노고단(1,507미터)에서 천왕봉(1,915미터)까지이다. 노고단, 천왕봉과 함께 지리산의 3대 봉우리인 반야봉 그리고 토끼봉, 칠선봉, 촛대봉 등 1,500미터 이상의 봉우리도 많다. 그만큼 코스도 수십 개에 달한다. 게스트하우스 손님들이 등산 코스를 추천해달라고 하시면 산행 경험에 따라 추천해 드린다. 그런데 간혹 '여기도 가시면 좋겠고, 저기도 가시면 좋겠고……' 싶어 머릿속이 복잡해질 때가 있다. 코스마다 볼 수 있는 것, 경험할 수 있는 것이 엄청 많기 때문이다.

등산 · 여행 사이트나 블로그, 카페 등에 지리산 등산 코스가 많이 소개되어 있다. 인터넷 정보 중 뱀사골 코스, 백무동 코스, 대원사 코스, 중산리 코스 등 지리산 9개 코스를 아주 잘 정리해놓은 좋은 것이 있어 여기에 가져와 보았다. 출처 확인이 어려우나 '지리산 추천 산행 코스'라는 제목으로 깔끔하게 잘 정리되어 특히 초보 산행자들에게 큰 도움이 될 듯하다. 나는 여기에 지리산온천단지를 기점으로 한 당동 코스를 추가해 '초보 산행자를 위한 추천 코스 10선'이라 이름을 붙였다.

당동 코스는 천왕봉 – 노고단으로 역종주 후 당동으로 하산하여 지리산온천에서 온천욕을 하는 것이다. 성삼재에서 당동마을까지 3킬로미터이고 당동마을에서 지리산온천까지 3킬로미터이다. 이곳에서는 택시를 타도 된다.

- 뱀사골 코스
  반선→탁룡소→뱀사골→화개재(9.2킬로미터, 왕복 9시간)
  피서 산행지로 인기 높은 골짜기. 뛰어난 경관과 더불어 곳곳에 재미있는 전설이 등산에 잔재미를 더한다.

- 백무동 코스
  ① 백무동→가내소폭포→한신폭포→세석평전(6.5킬로미터, 왕복 7시간 30분)
  ② 백무동→하동바위→제석단→장터목대피소(5.8킬로미터, 왕복 6시간 20분)
  경남 함양의 백무동 마을에서 오르는 등산로. 지리산 북쪽에서 천왕봉 일출을 보기 위해 오르는 일반 코스다.

- 대원사 코스

  대원사→유평→치밭목대피소→중봉→천왕봉(13.7킬로미터, 왕복 16시간)

  주로 지리산 종주의 하산 길로 많이 이용된다. 자연의 보존 상태가 좋고 사람이 많지 않아 비교적 조용한 산행을 할 수 있다. 천왕봉까지는 매우 먼 길이므로 치밭목에서 1박을 해야 한다.

- 중산리 코스

  중산리→칼바위→법계사→천왕봉(5.5킬로미터, 왕복 7시간)

  정상인 천왕봉으로 오르는 가장 짧은 코스. 하지만 경사가 심하고 험해서 초보자들에게는 그리 쉽지 않다.

- 거림 코스

  거림→세석평전(6킬로미터, 왕복 7시간 30분)

  지리산의 주능선으로 손쉽게 오를 수 있는 코스. 길도 순탄해서 천왕봉으로 오르는 등산로 중에서 가장 인기가 높다.

- 쌍계사 코스

  쌍계사→불일폭포→삼신봉(6.5킬로미터, 왕복 8시간)

  신라의 고찰인 쌍계사에서 지리산의 남쪽 능선으로 오르는 코스. 불일폭포까지는 길이 멀지 않고 평탄해서 쉽게 오를 수 있으나 삼신봉까지 계속된 오르막길이 다소 벅차다.

- 대성골 코스

  대성교→대성골→벽소령(6.8킬로미터, 왕복 8시간 20분)

  쌍계사 북쪽의 대성계곡을 따라 오르는 코스. 대성골은 수량이 넉넉하고 커다란 바위와 반석, 울창한 수림이 어우러진 골짜기로 여름 피서 산행지로 적격이다.

- 피아골 코스

  연곡사→직전마을→피아골대피소→임걸령(5킬로미터, 왕복 6시간 40분)

  연곡사를 기점으로 한 코스. 일반적으로 버스 종점인 직전마을에서 산행을 시작한
  다. 중간 중간에 폭포가 많고 원시림이 우거져 자연 경관이 뛰어나다. 특히 가을 단
  풍으로 잘 알려진 등산로다.

- 화엄사 코스

  화엄사→참샘→집선대→무넹기→노고단(7킬로미터, 왕복 7시간)

  지리산 종주 코스의 출발점. 계곡과 울창한 소나무 숲이 아름답다. 성삼재에 도로가
  생기면서 등반객이 현저히 줄어들어 조용한 산행을 하기에 적합하다.

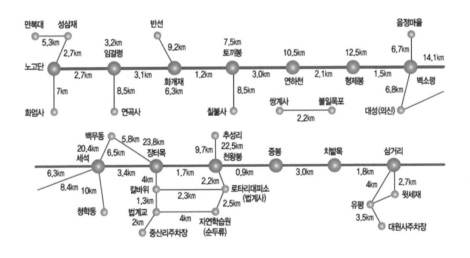

여행은 사람이다

지리산의 모든 곳을 걷고 싶다, 지리산 종주

지리산의 주능선을 산행하는 것을 '지리산 종주'라 한다. 오르고 내려가는 거리를 합치면 코스에 따라 40킬로미터에서 60킬로미터가 넘고 올라 넘어가야 하는 봉우리도 16개에서 20개 정도가 된다. 보통 2박3일, 20시간에서 25시간 이상 걸어야 한다.

게스트하우스 손님들 중에는 주기적으로 지리산 종주를 하는 팀들도 적지 않다. 주말이나 여름 휴가 시즌에는 대피소 숙박 인터넷 예약은 쉽지가 않을 정도로 인기가 많다. 지리산 종주는 산을 좋아하는 사람들은 누구나 한 번 정도 계획한다. 아마추어 등산인들에게는 '산꾼'의 경지에 올라서는 관문 같은 코스로 여겨지기도 한다.

쉽지 않은 여정인데도 왜 이렇게 지리산 종주를 좋아하는 걸까? 지리산은 그 규모가 광대하다. 한 번으로는 극히 일부만을 경험할 수밖에 없고 여러 번 산행을 하더라도 주능선을 종주하지 않고는 지리산 전체 윤곽을 파악할 수 없다. 지리산의 전체를 파악할 수 있는 산행은 종주밖에 없다. 능선 위에 서서 보는 풍경은 가히 장관이다. 파노라마 사진을 보는 듯한 시원한 조망과 숲이 교차된다. 지점마다 풍경이 다채롭게 바뀌는 것도 엄청난 인상을 받는다. 무엇보다 종주의 가장 큰 이득은 긴 산행을 통해 자신과의 싸움을 벌이며, 한계에 도전하게 한다는 점이라고 생각한다. 종주를 마친 후 자신감이 안 생길 수가 없다.

그렇다고 무리하게 종주를 시도하면 안 된다. 체력에 무리가 오면 중단해야 한다. 장마철이나 비가 오는 때도 주의해야 한다. 지리산은 비가 많이 오는 지역이다. 산악지형에 막혀 국지성 호우가 자주 발생하기 때문이다. 종주를 할 때는 당분 부족에 대비한 간식과 염분 부족에 대비한 소금, 배낭과 침낭, 등산지도, 우의, 손전등, 모자 등을 꼼꼼히 준비하고 무릎과 발바닥에 무리가 되지 않도록 쿠션감이 좋은 등산화를 신는 것이 좋다. 노고단 산장, 임걸령샘, 연하천 산장, 벽소령산장 등 식수를 구할 수 있는 곳이 있어 식수를 많이 챙기지 않아도 된다.

지리산 종주에 관한 정보는 책과 인터넷에서도 쉽게 얻을 수 있다. 특히 '한국의 산하(www.koreasanha.net)'에서는 종주 코스와 등산로 상태, 종주 방법, 교통 안내, 준비물과 비용 등을 상세하고 친절하게 설명하고 있으니 종주를 계획한다면 참고해 보면 좋다.

지리산 종주를 처음 하시는 분은 2박3일 일정으로 하되, 1박은 연하천대피소 2박은 장터목대피소에서 하는 것을 권한다. 지리산 종주 고수들도 2박3일 일정을 선호한다. 혹시 시간이 부족하여 부득이 1박2일 종주 시에는 벽소령대피소에서 숙박해야 전체 일정이 무난하다. 물론 개인별 걷는 실력 차이가 크지만 가장 일반적인 부분이다.

〈지리산 천왕봉 가는 길〉

Travel is people
• 03 •

살아서 꼭 봐야 할
구례의 열 가지 풍경

구례의 슬로건은 '자연으로 가는 길'이다. 그러나 내가 보기에는 문장 앞에 '하늘이 베푼 은혜'라는 뜻의 '천혜'라는 단어를 넣어줘야 한다. 구례는 '천혜의 자연으로 가는 길'이다. 산에 오를 때 주위 경관과 조망을 즐기며 산행하면 덜 피로하다. 피로는 심리적인 요인에 영향을 받는다. 일상생활도 그러한 것 같다. 좋아서 시작한 일이지만 게스트하우스 운영도 업무여서 스트레스를 받는다. 때때로 손님들을 응대하는 일, 경제적인 문제 등으로 골치 아프지만 피로와 스트레스가 덜 쌓이고 쌓였더라도 금방 풀린다. 매일 아침 눈을 뜨면 멋진 풍광이 보이고 공기를 마시는 등 대자연이 뿜어내는 여유

2
7
6

여행은 사람이다

로운 아름다움 속에서 지내기 때문이라고 스스로 결론을 내렸다.

구례는 사계절 내내 아름다운 곳이다. 구례는 북쪽으로는 전라북도 남원시, 남쪽으로는 광양시와 순천시, 동쪽으로는 경상남도 하동군, 서쪽으로는 곡성군과 접하고 있다. 북동쪽으로는 지리산까지 연결되어 있으니 아름답지 않을 수가 없다. 자연 명소가 많은 구례에서는 '구례 10경'을 선정했다. 다음은 구례군청의 구례여행 사이트(www.gurye.go.kr/jcms/guryetours)에서 소개하는 구례 10경이다. 구례여행 사이트에서는 교통과 명소의 안내 등 구례여행 정보가 잘 담겨 있다.

• 제1경景 노고단 운해

해발 1,507m의 높이로 솟아있는 노고단은 천왕봉, 반야봉과 더불어 지리산 3대 주봉 중의 하나로 수많은 봉우리들 중에서도 영봉靈峰으로 손꼽히는 곳이다.

특히 노고단 아래 펼쳐지는 '구름 바다'의 절경絶景은 가히 지리산을 지리산답게 만드는 제1경景이라 불러도 손색이 없다. 남쪽으로부터 구름과 안개가 파도처럼 밀려와 노고단을 감싸 안을 때 지리산은 홀연히 아름다운 구름 바다의 장관을 이룬다.

• 제2경景 반야봉 낙조

해발 1,732m로 지리산 제2봉인 반야봉은 노고단에서 임걸령으로 뻗어 나가는 높은 능선으로 이어지는 동북방 5.5Km 지점. 지리산권의 중심부에 위치하고 있어 지리산 전경을 한눈에 조망할 수 있는 곳이다.

반야봉에 오르는 기쁨은 낙조落照의 장관에서 찾는다. 한낮의 창창하던 햇빛이 그 화려했던 순간들을 뒤로하고 어둠속으로 조금씩 조금씩 깊은 산 속으로 사라져 갈 때 인간의 모든 번뇌와 악의 감정도 사그라들게 하며 세속에 찌든 사람의 마음을 정화시켜 주는 곳이다.

• 제3경景 피아골 단풍

연곡사를 지나 4㎞쯤 더 오르면 울창한 밀림이 보이며, 이곳이 지리산 최대의 활엽 수림 지대인 피아골이다. 피아골은 사계절이 다 절경이다.

특히 10월 하순경에 절정을 이루는 피아골 단풍은 사람의 손으로는 빚어낼 수 없을 온갖 색상으로 채색한 나뭇잎들, 그들이 한데 모여 발산하는 매혹적인 자태에서 능히 사람들의 마음을 빼앗고도 남음이 있다. 산山도 붉게 타고, 물水도 붉게 물들고, 그 가운데 선 사람人도 붉게 물 든다는 삼홍三紅의 명소, 피아골의 단풍은 가을 지리산의 백미白眉이다.

• 제4경景 섬진강 청류

섬진강은 진안군 마이산에서 발원하여 전북, 전남, 경남의 3도 12개 시군의 유역을 거쳐서 500리 물길을 이루는 강으로 전국에서 가장 깨끗한 강으로 알려져 있다.

강 중류에 위치한 구례군은 지리산과 백운산의 양대 산 사이를 가르고 흐르는 100리 물길로 강물이 푸른 산을 굽이 돌며 흐르면서 굽이마다 반월형 백사장을 수놓았고 은어, 숭어, 붕어, 잉어, 장어, 참게 등 30여 종의 담수어가 서식하고 있으며, 지난 98년부터 매년 3월 어린 연어를 방류하고 있어 산란기에 연어가 회귀하고 있다.

제5경景 산동 산수유꽃

구례군 산동 산수유꽃은 가장 먼저 봄을 알리는 꽃 중의 하나로 2월 말부터 꽃망울을 터트리기 시작해 4월 초까지 피어 있으며 11월에는 빨간 루비빛 탐스러운 산수유 열매가 열린다.

구례군 산동은 전국 최고의 산수유 군락지이며 전국 생산량의 70% 이상을 점하고 있다. 옛날 중국 산동성의 처녀가 지리산으로 시집 올 때 산수유나무를 가져다 심었다고 해서 '산동'이라는 지명이 생겨났다고 한다. 3월 중순이 되면 대표적 꽃 축제의 하나인 산수유꽃 축제가 열린다.

- 제6경景 섬진강 벚꽃 길

이른 봄 노오란 산수유꽃이 시들어지는 무렵 우리나라 제일의 청정 하천인 섬진강 변과 어울리는 하얀 벚꽃이 만발한다. 이때쯤 이곳에서는 섬진강변 벚꽃 축제가 열린다.

이곳 벚꽃 길은 지난 92년부터 조성되어 곡성에서 하동까지 연결되는 국도 17호선과 19호선을 따라 온통 하얀 벚꽃이 강변을 따라 만발해 있어 봄의 향기를 느끼면서 멋진 드라이브를 경험할 수 있고 또한 최적의 마라톤 코스로도 각광을 받고 있다.

- 제7경景 수락폭포

산동면 소재지인 원촌마을에서 4km 거리인 수기리에 위치한 수락폭포는 하늘에서 은가루가 쏟아지는 듯한 아름다운 풍치를 이룬다. 높이 15m의 폭포로 여름철이면 많은 부녀자들이 낙수를 맞으며 더위를 식히는데 신경통, 근육통, 산후통에 효험이 있다 하여 갈수록 많은 사람들이 이곳을 찾고 있다.

또한 이곳은 동편제 판소리의 대가인 국창 송만갑 선생께서 득음하기 위하여 수련했던 장소로 유명하다.

제8경景 천년고찰 화엄사

지리산에 있는 사찰 중 가장 크고 장엄한 절로서 544년(백제 성왕 22년)에 연기조사가 창건하였으며, 화엄경華嚴經의 화엄 두 글자를 따서 붙였다고 한다.

최근에 서오층석탑에서 부처의

진신사리가 발견되었고, 사찰 내에는 각황전을 비롯하여 국보 4점, 보물 8점, 사적 1점, 명승 1점, 천연기념물 2점, 지방문화재 2점 등 많은 문화재와 20여 동의 부속건물이 배치되어 있다. 예로부터 지리산을 불교문화의 요람이라고 하였으며, 그 중심에 화엄사가 있고 천은사와 연곡사가 있다. 노고단, 화엄계곡을 비롯한 뛰어난 자연 경관과 불교문화가 어우러져 천년의 고요함이 배어 있는 곳이다.

• 제9경景 오산 사성암

오산은 문척면 죽마리에 위치해 있는 해발 531m의 호젓한 산으로 자라모양을 하고 있으며, 높지도 험하지도 않고 비경이 많아 가족등반이나 단체소풍 코스로 사랑받는 정취 어린 산이다. 사성암은 백제 성왕 22년(544년)에 연기조사가 처음 건립하였다고 전해지고 있다.

암벽에는 서 있는 부처의 모습이 조각되어 있는데 이를 마애여래입상이라 한다. 원래는 오산암이라 불리다가 이곳에서 원효, 도선, 진각, 의상 등 네 성인이 수도하였다 하여 사성암이라 부른다.

• 제10경景 노고단 설경

노고단 정상은 길상봉이라고도 불렸으며 정상에서부터 서쪽으로 완만한 경사를 이루며, 30만 평의 넓은 고원이 있다.

옛날에는 이곳에 지리산신령 선도성모仙桃聖母를 모시는 남악사가 있었다 하여 산신 할머니를 모시는 단이라는 의미의 노고단이라고 이름을 붙였다. 또한 지리산 종주 능선상의 서쪽 기점을 이루며 화엄사, 천은사, 만복대, 피아골, 뱀사골 등의 등산 코스는 이곳을 경유해야 한다. 노고단은 봄에는 철쭉, 여름의 원추리와 운해, 가을의 단풍과 더불어 겨울의 설화는 철따라 변하는 아름다움의 극치를 보여주고 있다.

여행은 사람이다

〈노고단의 운해〉

〈노고단의 설경〉

치유의 여행지,
지리산온천과 산수유군락지

만병을 낫게 한다는 지리산온천

지리산 산행 후 내가 반드시 추천하는 마무리 코스가 있다. 지리
산온천에서 개운하게 씻은 후 저녁으로 지리산흑돼지 음식과 산수
유막걸리를 마시면 그야말로 신선놀음이 따로 없다. 이곳은 산행이
나 여행이 아니더라도 온천만을 즐기기 위해 찾는 이들이 많을 정
도로 물과 시설이 좋은 곳이다. 게르마늄과 탄산나트륨이 다량 함
유된 유황천 온천수로 예로부터 피부병과 신경통, 관절염과 당뇨
병, 부인병에 뛰어난 효능이 있다고 알려졌다. 만인의 병을 낫게 하

는 신비한 약수가 솟아 난다 하여 일제 강점기 부터 수차례 온천 개발 이 시도되었으나 모두 실패했고 1995년이 되어 서야 지리산온천 관광특 구로 탄생하게 되었다. 만복대와 노고단으로 이

〈눈 쌓인 지리산온천랜드의 노천온천〉

어지는 일대 55만 평에 자리 잡은 국내 최대의 온천 특구지역으로 지하 700미터에서 7천 톤의 온수를 뽑아 올려 3천 명이 동시에 온천욕을 즐길 수 있다.

지리산온천 특구에서 대표 대중탕인 지리산온천랜드에는 온천탕과 찜질방, 노천온천 테마파크 등의 각종 편의시설이 완비되어 있다. 노천온천 테마파크에 있는 높이 8미터~10미터의 기암괴석 사이로 떨어지는 천연 폭포도 눈길을 끈다. 겨울에 눈 덮인 지리산을 배경으로 노천온천탕에 몸을 담그고 있으면, 무릉도원이 따로 없다. 시설이 오래된 단점이 있지만 첫째 가성비가 좋고, 둘째 게르마늄이 함유된 물이 좋고, 셋째 노천탕에서 지리산 조망을 볼 수 있다는 대표적인 장점 때문에 젊은 커플과 가족 방문객이 많다.

산수유군락지와 산수유테마파크

구례의 특산물은 봄에는 쑥부쟁이, 여름에는 우리밀, 가을에는 산수유, 겨울에는 취청오이이다. 이중 구례 산수유는 '국가중요농업유산 제3호'다. '생계유지를 위해 집과 농경지 주변 등에 산수유를 심어 주변 경관과 어우러지는 아름다운 경관 형성, 다양한 생물 서식지, 시비와 씨 제거 등 전통농법'이 높이 평가되어 농업유산으로 지정되었다.

구례의 산수유와 관련된 이야기도 흥미롭다. 1천 년 전 중국 산동성의 처녀가 구례군 산동면으로 시집을 오면서 산수유의 씨앗을 가져와 처음 심었고, 산동이라는 지명도 여기에서 생겼다고 한다. 실제로 우리나라 최초의 산수유 시목이라 여겨지는 산수유나무가 산동면 계척마을에서 보호되고 있다. 구례 산수유는 전국 생산량의 70퍼센트 이상을 차지하고 있다. 3월 중순이 되면 구례 지리산자락 산수유군락지는 산수유꽃으로 노랗게 물이 든다. 이 장관을 보기 위해 3월 중순이 되면 전국에서 온 인파로 산수유꽃 축제는 발 디딜 틈이 없을 정도이다. 꽃 피는 계절이 아니더라도 아름다운 풍경 때문에 사진작가들의 촬영지로도 인기가 많아 언제나 붐빈다. 산수유꽃이 아름다운 반곡마을, 상위마을, 현천마을, 계척마을 주변으로 걷기에 좋은 산수유길이 있다.

여행은 사람이다

가을에 빨간 열매를 맺는 구례 산수유는 지리산 맑은 물과 기온 차의 영향으로 다른 지역의 산수유에 비해 칼륨과 칼슘, 아연 등의 무기 성분이 풍부하다고 한다. 구례 산수유를 보다 널리 알리기 위해 구례군은 산수유 테마파크를 조성하였고, 산수유 사랑공원에 산수유 홍보관을 개관했다. 이곳에서는 산수유의 생태와 다양한 음용 방법 등을 안내하고 있다.

〈산수유사랑공원에서 남해 바래길팀과 함께〉

숨어 있는 보석,
쌍산재와 운조루 그리고 다랭이논

시크릿 가든, 쌍산재

〈부산일보〉 윤현주 기자가 운조루와 곡전재를 취재하러 구례에 왔을 때, 우연히 우리 노고단게스트하우스에 머물렀었다. 구례 고택 취재라면 쌍산재雙山齋가 빠져서는 안 되었다. 내가 물었다.

"쌍산재를 아시나요?"

"아니요. 그곳도 고택인가요?"

"네. 알 만한 구례 여행자들이 가장 좋아하는 곳이에요. 비밀의 정원이라 불리는 구례에서 제일 아름다운 곳입니다."

그러곤 쌍산재로 바로 이끌어 오경영 대표를 소개해 주었다. 오경영 대표는 고조부가 지은 쌍산재를 15년 전부터 개방하고 있다. '집은 사람이 찾아야 집다워진다'는 생각으로 과감하게 개방을 결정했다고 한다. 고택도 멋스럽지만 집 뒤 별채로 이어지는 대나무숲길, 차나무와 동백나무 군락지를 거치면서 운치 있는 산책을 할 수 있다. 한 사람이 지나갈 크기의 영벽문映碧門을 열면 감탄사를 연발하게 된다. 지리산 맑은 물을 품은 사도저수지가 나오기 때문이다. 내가 추천해서 이곳에 방문한 사람들은 내가 왜 이곳을 '시크릿 가든'이라고 했는지 고개를 끄덕이게 된다. 쌍산재는 정원을 거닐며 산책하다가 오랜 고택에 걸터앉아 아무런 생각 없이 마냥 쉬고 싶은 곳이다.

〈쌍산재는 외국 여행자들에게도 굉장히 인기가 많다. 스위스에서 온 부부도 한옥 고택의 매력에 푹 빠졌다〉

〈쌍산재의 영벽문을 열고 조금 나가면 사도저수지가 한눈에 들어온다〉

여행은 사람이다

구례 명당에 지어진 운조루

지리산 남쪽 끝자락인 구례 오미리에는 '금가락지가 떨어진 명당'이라는 의미의 금환락지金環落地가 있다. 그리고 이곳에 '구름 속의 새처럼 숨어사는 집'이라는 의미의 운조루雲鳥樓가 있다. 운조루는 국가민속문화재 제8호로 호남 지방의 대표적인 조선 중기 양반 가옥이다. 당시 낙안군수 등을 지냈던 유이주에 의해 지어진 것으로 99칸의 방을 가진 매우 큰 집이었다. 지금은 부분적 훼손이 있지만 그런대로 큰 골격이 잘 유지되어 있어 조선시대 대저택의 운치를 느낄 수 있는 곳이다.

운조루는 대저택인 만큼 여러 개의 마당을 가지고 있는데 사랑마당, 안마당, 뒷마당, 사이마당 등. 이들 마당들은 또한 각각의 독특한 성격을 가진다. 그래서 운조루는 마당들이 가진 내용을 파악하기에 아주 좋은 모델이라고 한다. 운조루에 있는 큰 쌀통에는 타인능해他人能解라는 글이 새겨져 있다. '누구든 이것을 열 수 있다'라는 뜻으로 흉년이 되면 이 쌀독을 열어 굶주린 사람들을 구제했다고 한다.

운조루는 조선시대 대저택을 구경할 수 있어서 우리나라 여행자들도 좋아하지만 외국인 여행자들에게도 인기가 많은 곳이다.

'출사족'이 사랑하는 사포마을 다랭이논

노고단게스트하우스 윗마을인 사포마을에서는 다랭이논을 구경할 수 있다. 다랭이논은 산등성이나 계곡의 비탈진 곳을 개간해 만든 계단식의 논이다. 가을이 되어 노랗게 물들어갈 때 바람에 일렁이는 벼들이 그림 같은 풍경을 만들어 낸다. 그래서 여행자들과 출사를 나온 이들이 그 장관을 보기 위해 찾는 곳이다. 사포마을 다랭이논은 2008년에 행정안전부가 주관한 살기 좋은 지역자원 경연대회에서 은상을 수상한 곳이기도 하다.

〈드론으로 찍은 사포마을의 다랭이논 전경〉

여행은 사람이다

Travel is people

· 06 ·

알콩달콩 구례 콩장과
못생긴 초상화

지리산 노고단이 보이는 구례 서시천변은 걷기에 좋은 길이다.
이 길에서 매월 첫째, 셋째 토요일 오후 2시부터 4시까지 재미있는
장이 선다. 바로 구례 콩장이다. '콩처럼 작지만 영양가 높고 알찬
장터를 알콩달콩 재미지게 열어보자'는 의미에서 콩장이라고 한다
고 한다. 콩장은 시민들이 참여하는 프리마켓이자 플리마켓이다.
사업자등록증이 없어도 누구나 직접 수확한 농산물, 직접 만든 수
공예품, 안 쓰는 물건 등을 들고 나와 팔 수 있다. 그림을 그려주는
사람, 사주나 타로를 봐주는 사람들도 나온다. 운이 좋으면 물물교
환이나 무료 나눔을 받을 수도 있는 곳이다. 콩장이 서면 팔려는 상

인들이 펼친 돗자리와 테이블, 사려는 사람들로 서시천변 길이 길게 채워진다.

콩장이 선 지 6년이 되었다. 나도 물품을 직접 판매했던 시절이 있다. 하지만 돈을 벌기보다는 재미있는 물건들을 구경하다 지갑만 탈탈 털린 적이 많다. 정성이 담긴 작품, 아이디어가 반짝이는 상품을 보면 안 살 수가 없다. '아, 이건 아내가 좋아하겠네, 저건 사서 딸아이에게 줘야겠다' 싶은 물건들, 누군가에게 선물로 주고 싶은 것들이 가득한 장이라 더욱 정이 가는 것 같다. 구례는 물론 하동과 순천, 남원, 곡성, 광양, 남해에서도 팔려는 사람, 사려는 사람, 구경하려는 사람들이 많이 온다. 비가 온다는 날은 취소되기도 하니 방문 계획을 잡기 전에 콩장 공식 블로그(g_kongjang.blog.me)에서 확인해 보는 것이 좋다.

장이 안 열리는 보통 평일에도 산책하기 아주 예쁜 곳이라 커피 한 잔 사들고 가볍게 걷기 위해 종종 들리는 곳이다. 그러면 의외로 아는 분들을 많이 만난다.

김나래 작가는 이 콩장에서 '못생긴 초상화'로 참여한다. 수시로 거울을 보는 외모에 민감한 나이의 청춘보다는 나이 지긋하신 어르신들이 모델 의자에 앉아 있는 때가 많다. 그날도 나이 지긋하신 분이 마수걸이를 했다. 김나래 작가님이 모델을 살피고 그림을 그리기 시작하면 어른들부터 아이들까지 하나 둘 와서 잔뜩 호기심 어

여행은 사람이다

린 눈으로 구경을 한다. '얼마나 잘 그리나?' 보는 걸까. 그림을 그리는 작가님은 정작 부담이 없을 것 같다. '못생긴 초상화'라고 사전고지했으니 말이다.

김나래 작가님은 글도 쓰고 그림도 그린다. 그녀의 〈걷는 책 구례 밟기〉는 지리산 둘레길과 구례 등지를 혼자 걸으며 쓴 글과 드로잉한 그림을 모은 여행그림책이다. 글과 그림이 재밌고 예쁘고 따뜻해 단숨에 읽어갔다. 그러다 뜨끔하고 놀랐다. 우리 노고단게스트하우스와 나에 대한 이야기가 나왔기 때문이다. 노고단게스트하우스가 '지리산을 찾는 여행자들의 안락한 아지트, 베이스캠프, 산티아고 순례길의 알베르게를 꿈꾸는 곳'이라고 써놨던 것이 인상 깊었던 모양이다. 나에 대해선 '지리산 고수'라고 했다. 어찌나 부끄러웠는지 모른다. 그래도 입가가 슬며시 길게 올라가며 미소를 지었다.

〈서시천변에 길게 늘어선 콩장〉

섬진강 물고기와
반달가슴곰을 만날 수 있는 곳

어린 자녀들과 체험학습을 하기에도 구례는 최적의 여행지다. 내가 추천하는 가족여행 코스는 이렇다. 우선 노고단을 가족이 함께 오르면 좋다. 길의 정비가 너무 잘 되어 있고 특별히 위험한 구간이 없어 남녀노소 모두 산책하듯 걸을 수 있다. 실제로 어린아이들과 함께 온 가족 여행자들을 많이 볼 수 있다.

노고단 정상에서 지리산의 파노라마를 음미한 후 반달가슴곰생태학습장과 섬진강어류생태관을 가는 것이다. 구례에서 가족여행지로 제일 선호되는 곳이고 어린이가 엄청 좋아하는 곳이다. 어린이들과 함께 한다면, 잊지 말자. 구례의 섬진강어류생태관과 반달가슴곰 생태체험학습장을 꼭 가야 한다.

섬진강어류생태관

섬진강어류생태관은 섬진강 민물고기 자원에 대한 체계적인 보전과 생태전시 시설을 위해 2008년에 개관한 곳이다. 넓은 대지에 잘 꾸며져 있고, 학습체험 시설도 좋아 아이들뿐만 아니라 부모님들까지 엄청난 만족을 얻게 되는 곳이다. 아이가 좋아하면 부모는 절로 기분 좋아질 수밖에 없으니 말이다.

섬진강어류생태관은 실내 전시, 야외 전시를 볼 수 있다. 민물고기 학습장, 지피정원, 섬진강의 상류·중류·하류를 표현하는 생태 연못, 피크닉 정원, 놀이터가 있다. 생태관은 토종 어류 전시, 부화, 방류 및 환경 보전의 기능을 수행하며 특히 아름다운 섬진강의 사계를 영상 그래픽으로 연출하고 있다. 또한 섬진 강변에서 서식하는 101종(생물 56모형 45종)의 조류, 곤충, 식물, 파충류, 민물고기를 연구·보존하고 있다.

입구에 들어서면 거대한 원기둥 수족관에 알록달록한 열대어들이 헤엄치는 것을 볼 수 있다. 웬만한 아쿠아리움 못지않다. 섬진강에 서식하는 천연기념동물 수달은 최고 인기다. 하루에 한번 수달 먹이 주는 시간이 있으니 챙기면 더욱 즐거운 시간이 될 수 있다.

섬진강어류생태관

sjfish.jeonnam.go.kr
전남 구례군 간전면 간전중앙로 47
061-781-3635

〈섬진강어류생태관〉

반달가슴곰 생태체험학습장

반달가슴곰 생태체험학습장은 구례를 방문한 어린이 여행자들
이 가장 좋아하는 곳이다. 한때 사라졌던 지리산반달가슴곰을 다시
되살리기 위한 일환으로 세워진 곳으로 국립공원 종복원기술원 내
에 있다. 연구 성과로 지리산에서 무려 60여 마리가 스스로 번식하
면서 잘 적응하고 있다. 지리산을 넘어 백두대간까지 곰의 서식 영
역이 확대된 것으로 확인되었다고 한다.

체험학습장은 생태전시관, 생태학습장으로 이루어져 있다. 생태

전시관에서는 반달가슴곰뿐만 아니라 다른 동식물과 조류 표본을 관람할 수 있다. 반달가슴곰 동면굴 모형, 야생동물 발자국 비교 전시판 등 아이들이 동물들의 생태에 대해 쉽게 이해할 수 있도록 구성되어 있는데, 어른들도 좋아한다. 체험학습장 2층에는 야생동물 퍼즐맞추기, 생태탐험 퀴즈같이 직접 참여할 수 있는 전시물이 있다. 지리산반달가슴곰 복원과 관련된 조사와 기록들도 흥미롭다.

생태학습장에서는 살아 있는 지리산반달가슴곰을 볼 수 있다. 탐방로를 산책하며 지리산반달가슴곰을 관찰할 수 있어서 인기가 가장 좋은 코스이다.

반달가슴곰 생태체험학습장

reservation.knps.or.kr
전라남도 구례군 마산면 화엄사로 402-41
061-783-9120

〈반달가슴곰 생태학습장〉

인심 좋고, 솜씨 좋은 지리산오여사와 봉성피자

지리산 치즈 인심을 보여 주는 봉성피자

"구례까지 와서 피자를 먹어야 하냐고요? 네, 드셔야 합니다."

지리산봉성피자의 사장님은 경기도 오산에서 15년 동안 피자가게를 운영하다가 구례에 귀촌한 지 5년이 되었다. 그 귀한 임실치즈를 손도 크게 풍덩풍덩 많이 넣어서 손님들 화들짝 놀랄 정도다. 이렇게 치즈 듬뿍 들어간 피자는 처음 먹는다면서 말이다.

내가 은행에서 RM 업무를 하면서 기업의 성장가능성을 파악할 때 가장 중요하게 본 것 중 하나가 있다. 바로 '오너의 진정성'이다. 자신의 제품에 대해 얼마나 열정을 가지고 있나, 얼마나 몰입하여 있나 하는 것이었다. 진정성이 있는 오너는 실패하기가 어렵다. 위기가 와도 그의 제품 품질을 신뢰하는 고객들이 있기 때문이다. 봉성피자에 들어서면 그가 벽면에 쓴 〈피자의 시〉를 볼 수 있다. 문학적 가치에 대해서 말할 수는 없지만, 보면 재미있어 기분이 좋아지고, 맞는 말이라 고개가 끄덕여진다. 그리고 얼마나 피자를 사랑하는지 알 수 있다. 그의 피자는 그의 사랑만큼 맛있는 피자다.

봉성피자

전남 구례군 산동면 지리산온천로 280
061-781-9595

○ 사람이 피자
○
○
　인생꽃 피자
　재능을 피자
　즐거움을 피자
　생활이 피자
　인간관계를 피자
　내 꿈을 피자
　나눔을 피자
　피자는 나의 삶
　피자와 함께 가리

〈봉성피자의 최봉성 대표와 노고단게스트하우스의 프랑스 손님〉

이야기가 있는 식당, 지리산오여사

지리산을 정말 좋아하는 오민애 대표가 운영하는 지리산오여사는 구례 오일장에 있어 찾기가 쉬운 곳이다. 당연히 주차도 편하다. 지리산오여사의 대여섯 가지 메뉴 중 가장 인기 있는 메뉴는 수제 돈가스와 들깨칼국수다. 국내산 식재료를 사용해 직접 하나하나 요리하니, 맛도 좋지만 집 음식처럼 담백하고 뒷맛도 깔끔하다.

지리산오여사에서 재미있는 것은 '오늘의 특선 메뉴'를 먹는 것이다. 말 그대로 어떤 메뉴인지 모른다. 오직 당일 주인이 마음대로 선택하여 준비한 메뉴이다. 맛있는 음식에 술이 당겨 주문을 하니 이렇게 말한다.

〈구례 오일장에 위치한 지리산오여사〉

"술은 한 병만 드세요. 두 병부터는 아주 비싸요."

식사 위주로 운영하니 '살짝 기분이 좋을 만큼만 드시라'는 생각으로 술 가격표를 붙여놓은 모양이다. 오여사님과 이야기를 나눠보니, 산을 좋아해서 쉬는 날에는 거의 등산을 한다고 하고, 초등생 아들 마루와 함께 지리산 종주도 마쳤단다. 야생화도 좋아해 꽃 여행도 종종 떠난다고 해서 순간 친근한 기분이 들었던 분이다.

지리산오여사

rvation.knps.or.kr
전남 구례군 구례읍 5일시장작은길 20 다동
061-781-1431
매주 화요일, 수요일 휴무(단, 오일장날에는 오픈)

구례 사람도 줄서서 먹는 집,
부부식당과 금요순대

섬진강 다슬기 전문 부부식당

부부식당은 다슬기만으로 수제비와 탕을 끓이는 다슬기 전문점 이다. 점심시간만 되면 수제비를 기다리는 손님들로 가게 안이 북 적북적하다. 주말에는 여행자들까지 넘쳐 식사시간에 잘못 가면 30 분, 1시간 대기하게 되는 곳이다. 기다리지 않고 먹어야겠다고 마음 먹고 개점시간에 맞춰 가도 이미 먼저 온 손님들이 많은 것을 본다. 구례 주민들도 많이 찾는 곳이다. 하지만 예약도 안 된다. 맛을 보 려면 줄을 서서 기다려야 한다. 시간에 맞춰 그곳에 가겠다는 손님 에게는 이렇게 말해준다.

"책 한 권 챙겨서 가세요. 책 읽으면서 기다리면 됩니다."

식당 앞에서 기다리는 일이 짜증날 수도 있겠지만 기다린 보람을 배신하지 않는다. 부부식당은 사람들이 몰려도 안정된 맛으로 한결같이 일정한 수준의 맛과 서비스를 유지하고 있다. 서비스 업종에선 매우 중요한 요소이다.

섬진강에서 채취한 다슬기로 국물을 내어 끓인 수제비, 다슬기탕과 다슬기 회무침 등 향토음식을 맛볼 수 있다. 다슬기와 부추가 어우러진 비췻빛의 수제비는 보기만 해도 군침이 넘어간다. 파나물과 콩나물 등 다양한 제철반찬들도 어느 하나 부족하지 않다. 저녁에 약주 한 잔 할 때는 다슬기 회무침을 먹어야 한다. 꼭!

부부식당

rvation.knps.or.kr
전남 구례군 구례읍 북교길 5-12
061-782-9113

〈부부식당에서 다슬기 수제비를 먹는 아이언맨 선수 리처드와 반야봉을 다녀온 젊은 청춘들〉

한우식당 · 금요순대

"구례에서만 먹을 수 있는 특이한 음식으로 소개해 주세요."

여기에 딱 맞는 소개가 있다. 오직 금요일에만 문을 여는 '금요순대'다. 금요일은 단어 그 자체만으로도 괜히 즐겁다. 주말을 앞둔 '불금'이라고 그런 것일까? 아니다. 맛있는 점심 특식이 기대되는 날이기 때문이다. 금요순대는 그냥 시골 동네의 소박한 식당이다. 사장님이 한우정육점과 식당을 했을 때의 간판이 그대로라 '한우식당'이라고 되어 있는데 가게 출입문에 '금요순대'라고 쓰여 있다. 메뉴도 순대와 순대국밥이다. 일주일에 단 하루 금요일에만 문을 여니 아주 특이한 식당이지 않은가.

여는 날짜보다 인상적인 것은 맛이다. 진짜 순대가 들어 있는 투박하면서도 깊은 맛이 있다. 첫 술을 입에 넣어 삼키는 순간. '크아~' 하는 감탄사가 절로 난다. 지리산자락 구례의 맛을 느끼고 싶은 사람들이 모이는 곳이기도 하다.

먹음직한 금요순대

금요순대

전남 구례군 구례읍 봉성로 111
061-782-9617

핫플레이스,
목월빵집·무우루·잼있는커피 티읕

목월빵집

"목월빵집은 언제 가야 먹을 수 있어요?"

구례에서 가장 유명한 목월빵집을 몇 번 헛걸음한 고객들의 푸념 섞인 말에 내가 웃으면서 대답해줬다.

"주말엔 어렵고요, 주중에 한 번 시간 내서 오세요. 월차나 연차 팍팍 쓰세요."

이렇게 말하면서도 사실 내 속내는 편하지 않다. 도시 사람들 평일에 지리산자락에 여행 오기 어려움을 잘 알고 있다. 아주 어렵게 본인 혼자 시간을 만들었다 해도 친구나 가족 등과 동행할 사람까지 평일에 시간 맞춰 오기가 너무 어려운 현실이다. 주말에 목월빵집에서 빵을 구입하기는 참 어렵다. 하지만 구례 시내 가까운 곳에 넓게 확장하여 이전했다. 과거보다는 훨씬 편리하게 커피 한 잔 마시면서 기다릴 수 있다.

박목월 시인을 좋아해서 목월빵집으로 이름 짓고, 간판은 예쁜 손글씨체로 만들었다. 목월빵집 사장님의 외국인 여자친구가 한글을 배워 쓴 글씨라 어딘지 빼뚤한데 볼수록 참 예쁘고 전문가의 글씨체보다 더 끌림이 강하다. 건물 전면에 설치된 보라색 출입구와 창틀이 하도 예뻐서 맛집인지 몰라도 들어가고 싶어진다.

빵집 사장님은 우리 노고단게스트하우스가 있는 산동에서 학교를 졸업했다고 해서 더욱 반가웠다. 학교를 졸업한 후 서울로 상경하여 제빵 기술을 갈고 닦은 후 30대 중반에 귀향해 목월빵집을 열었다. 부모님이 구례에서 직접 농사 지은 우리 밀과 팥으로 만든 건강한 빵을 만들고 있다. 미래 고민이 많은 젊은 친구들에게 귀감을 주는 성공 사례이다.

〈목월빵집〉

목월빵집

www.instagram.com/
mogwolbread/
전남 구례군 구례읍 서시천로 85
061-781-1477

여행은 사람이다

한옥 카페 무우루

오래된 한옥 카페이니 중년층이 많을 것이라고 생각하는데 젊은 손님들이 더 많다. 핸드드립 커피, 에이드, 디저트가 엄청 맛있기 때문일까. 한번 다녀간 손님들은 계속하여 재방문을 한다고 한다. 게스트하우스 손님들에게도 추천하는 곳인데, 다녀오신 분들에게 소감을 물으면 모두 만족도가 매우 높다. 특히 카시크 커피와 흑임자인절미무스케이크가 인기가 좋다. 당찬 엄마와 예쁜 딸이 알콩달콩 함께 꾸려가고 있는 곳이다. 모녀가 함께 운영하고 있다니, 부러운 마음이 들었다. 푸근한 한옥에서 차를 한 잔 마시고 있지만 근심걱정이 사라지는 듯한 기분이다. 구례의 관광명소 사성암 셔틀버스 승강장 바로 옆에 있어 찾기도 쉽고 섬진강을 돌아볼 수 있어 구례를 찾은 여행객들에게 매우 편리하다.

한옥 카페 무우루

blog.naver.com/ggamaji
전남 구례군 문척면 죽연길 6
061-782-7179

〈모녀가 운영하는 한옥 카페 무우루〉

잼있는커피 티읕

로타리 길에 있는 '잼있는커피 티읕'은 구례 여행자들의 사랑방
이다. 1회용품 사용을 안 하기 때문에 텀블러를 가지고 가야 테이크
아웃이 가능하다. 열 명 정도 앉으면 꽉 차는 곳이라 단체손님에게
는 불편할 수 있다. 이곳에 가면 혼자 온 여행자와 커플여행팀이 많
다. 그들에게 딱 좋은 장소이기도 하다.

핸드드립으로 내린 커피가 일품이다. 바쁜 날을 피해 가면 진한
커피 한 잔 마시면서 달콤한 휴식을 할 수 있는 곳이다.

〈잼있는커피 티읕에선 진한 핸드드립 커피를 맛볼
수 있다〉

잼있는커피 티읕

www.instagram.com/teaeut/
전남 구례군 구례읍 로터리길 2-1
061-783-1988

여행은 사람이다

지리산 여행자들의 아지트, 부엔까미노 지리산

"부엔 까미노(Buen Camino)!"

스페인 산티아고 순례길 위의 인사말이다. 'Buen'은 '좋은' 'Camino'는 '길'이라는 뜻이다. 부엔 까미노는 '좋은 길 되세요!', '좋은 여행 되세요!'라는 의미이다. 노고단게스트하우스 1층에 있는 레스토랑&펍의 이름을 '부엔까미노'라고 지은 이유는 두 가지이다. 여행자들에게 건네는 인사이기도 하고, 지리산과 산자락에는 부엔 까미노, 즉 좋은 길이 많기 때문이다. 지리산 종주길, 지리산 둘레길, 산수유길과 산수유 휴양림길, 섬진강길, 이순신 백의종군길, 지리산 호수공원길, 솔봉 등등, 지리산에는 거친 산행길뿐만 아니라 즐기며 쉬며 걷기에 좋은 길이 참으로 많다. 이것이 많은 사람들이 지리산을 몇 번이고 다시 찾는 이유이기도 하며 내가 지리산을 사랑하는 이유 중 하나이다.

노고단게스트하우스가 지리산을 찾는 여행자들에게 '안락한 아지트', '지리산 베이스캠프', '산티아고 순례길의 알베르게' 같은 곳이 되길 바라며 운영하고 있다. 여행하는 이들에게 여행에 있어 가장 중요한 것은 무엇일까. 바로, '자는 것'과 '먹는 것'이다. 이 두 가지에 문제가 생기면 여행은 엉망진창이 된다. 그만큼 이 두 가지만 충족이 되면 여행은 만족스러워지고, 더 많은 추억으로 풍족하게 된다. 노고단게스트하우스에서 잘 주무시고, 부엔까미노에서 잘 드시고 가시는 것, 그게 내가 바라는 바다. 순례길 위의 알베르게를 꿈꾸는 내가 무엇을 더 바라겠는가.

부엔까미노의 주 메뉴이자 가장 인기 있는 음식은 지리산흑돼지와 지리산애호박찌개, 지리산애호박전이다. 지리산 인접 지역과 구례에서 생산되는 재료로 주문과 동시에 바로 조리하고 제철나물 등의 맛있는 반찬을 함께 내놓고 있다. 맛있는 음식 덕분에 다른 곳에 묵고 있는 손님이나 동네 이웃들도 특별한 식사를 하고 싶을 때 들리는 곳이 되었다. 정성껏 요리해서 내놓으니, 조금 시간이 걸려도 손님들이 여유 있게 기다려주신다.

혼자 오는 여행자들이 굉장히 많고, 나 홀로 여행자들은 국적 나

여행은 사람이다

이 불문이고 점점 늘어나는 추세이다. 그래서 부엔까미노에서는 모든 메뉴가 1인분이 가능하도록 했다. 1인 여행자들이 많아질수록 부엔까미노는 소통의 공간이 되어 가고 있다. 식사를 하거나 맥주를 한 잔 하면서 서로의 여행정보를 나누는 모습을 자주 본다. 그러다가 마음이 맞으면 팀을 꾸려서 함께 여행을 나서기도 한다. 부엔까미노는 좋은 장소에서 맛있는 음식을 먹으며 새로운 친구를 사귀는 공간, 여행의 즐거움을 나누는 공간이다.

부엔까미노 지리산

https//buencaminojirisan.modoo.at
전남 구례군 산동면 하관1길 40 노고단게스트하우스 1층
061-782-1732

〈부엔까미노에 모인 각국의 여행자들. 이들은 부엔까미노에서 서로의 여행정보를 공유하고, 팀을 꾸려서 함께 여행을 나서기도 한다〉

에필로그

지리산으로 어서 오세요

이 책은 '발로 쓴 책'이다! 전국에 있는 산은 거의 다 다녔다. 해외의 유명한 산들도 다녀왔다. 젊은 시절에는 타기 어려운 산, 빼어난 절경을 보여주는 산을 좋아하기도 했다. 나이가 마흔이 넘어서면서부터 우직하면서 듬직한 지리산이 눈에 들어왔다. 숱하게 지리산에 다니면서 느낀 것은 지리산은 단연 '넘버 1'이라는 점이다. 전체를 다 아우르고 있고, 들어갈수록 계속 깊이가 있고, 여러 방향에서 아주 폭이 넓다. 걷기에 지리산만 한 산이 없다. 지리산 능선뿐만 아니라 지리산자락의 둘레길과 산책길들도 빼어나며 걷기에 좋다. 걸으면서 생각하고, 휴식하고, 충전하기에 이곳만 한 곳이 없다. 내가 지리산에 자리 잡은 이유이기도 하다. 걷고 싶은 사람, 걷기를 좋아하는 사람이라면 무조건 지리산으로 오시길 바란다.

노고단게스트하우스는 '지리산을 찾는 여행자들의 안락한 아지트, 베이스캠프, 산티아고 순례길의 알베르게를 꿈꾸는 곳'이다. 휴식이 필요한 이들, 충전이 필요한 이들, 지리산에 오는 그 누구라도 환영한다. 지리산을 찾는 분들이 맘 놓고 부담 없이 와서 쉬고 드시고 즐기고 돌아갈 수 있도록 준비하고 있다. 노고단게스트하우스의 제일 강점은 가성비&가심비이다. 지리산표 음식들과 온천수 샤워, 솔봉과 둘레길 등 걷기 좋은 산책 코스도 손님들이 좋아하는 우리 게스트하우스의 장점이다. 여행자들이 늘어날수록, 노고단게스트하우스는 여행자가 여행자에게 즐겁고 알차게 여행할 수 있는 정보를 주는 곳, 홀로 여행 와서 서로 친구가 되어 돌아가는 곳, 여행자와 여행자를 연결하는 곳이 되어가고 있다.

그들을 통해 나 또한 여행을 떠난다. 다양한 손님을 만나며, 여행자들을 만나며 나 역시 매일 여행을 하는 삶을 살고 있다. '여행은 사람'이기에 하루하루가 기대와 설렘으로 시작하는 삶을 살고 있다. 노고단게스트하우스에 여러분을 초대한다.

"지리산으로 어서 오십시오!"

여행은 사람이다

여행은
사람이다

지리산 이야기

초판 1쇄 인쇄 ㅣ 2019년 07월 05일
초판 1쇄 발행 ㅣ 2019년 07월 10일

지은이 ㅣ 정영혁
펴낸이 ㅣ 최화숙
편 집 ㅣ 유창언
펴낸곳 ㅣ **아마존북스**

등록번호 ㅣ 제1994-000059호
출판등록 ㅣ 1994. 06. 09

주소 ㅣ 서울시 마포구 월드컵로8길 72, 3층-301호(서교동)
전화 ㅣ 02)335-7353~4
팩스 ㅣ 02)325-4305
이메일 ㅣ pub95@hanmail.net ㅣ pub95@naver.com

ⓒ 정영혁 2019
ISBN 978-89-5775-203-6 13980
값 15,000원